U0359371

葫芦文化丛书

澜沧卷

总 主 编／扈 鲁
本卷主编／左应华

中华书局

图书在版编目（CIP）数据

葫芦文化丛书．澜沧卷 ／ 扈鲁总主编 ；左应华本卷
主编．－－ 北京：中华书局，2018.7
ISBN 978-7-101-13310-3

Ⅰ．①葫… Ⅱ．①扈… ②左… Ⅲ．①葫芦科－文化
研究－中国②葫芦科－文化研究－澜沧拉祜族自治县
Ⅳ．①S642

中国版本图书馆CIP数据核字(2018)第130575号

书　　名	葫芦文化丛书（全九册）	
总 主 编	扈　鲁	
本卷主编	左应华	
责任编辑	刘　楠	
装帧设计	杨　曦	
制　　版	北京禾风雅艺图文设计有限公司	
出版发行	中华书局	

（北京市丰台区太平桥西里38号 100073）
http://www.zhbc.com.cn
E-mail:zhbc@zhbc.com.cn

印　　刷	艺堂印刷（天津）有限公司
版　　次	2018年7月北京第1版
	2018年7月北京第1次印刷
规　　格	开本787×1092毫米　1/16
	总印张155.5　总字数1570千字
国际书号	ISBN 978-7-101-13310-3
总 定 价	960.00元

序　一

　　"葫芦虽小藏天地"，作为一种历史悠久、用途广泛的古老植物，葫芦也是文化内涵丰富的人文瓜果，遍布世界各地，受到各民族人民喜爱，有着漫长的文化旅程。据考古发现，在距今约 1 万年至 9000 年的秘鲁、泰国等地人们就开始种植和利用葫芦。我国河姆渡遗址发现了7000 多年前的葫芦及种子，另据甲骨文中"壶"字似葫芦状推断，我国先民认识葫芦的时间起点也很早。至"郁郁文哉"的西周时期，《诗经》等典籍中已有大量关于葫芦在饮食、盛物、祭祖、敬老、婚姻、渡河等方面的记载，我国的葫芦文化初具规模。经过数千年历史演变和人文化成，葫芦的实用性与艺术性被广泛开发和应用，涉及农工渔猎商等各行生产和衣食住行婚丧嫁娶的社会生活，以及节日、信仰、娱乐、工艺、语言、故事传说等方面，成为传统文化中的吉祥物和重要的民俗事象，衍生出蔚然可观的葫芦文化。如钟敬文先生所言，葫芦"是中华文化中有丰富内涵的果实，它是一种人文瓜果，而不仅仅是一种自然瓜果"，葫芦文化是"中华民俗文化中具有一定意义的组成部分"。

　　"风物长宜放眼量"，由我国葫芦写意画专家与收藏名家扈鲁先生主编的九卷本《葫芦文化丛书》，以我国浩如烟海的传世典籍为基础，深入系统地挖掘整理了葫芦在种植、食用、药用、器皿、工艺及相关名称、民俗、传说等方面的历史与文化。其中仅葫芦工艺类的史料，就涵盖葫芦造型、葫芦雕刻、葫芦绘画、葫芦饰品、葫芦乐器等诸多方面，通过文学卷、器物卷、图像卷等等图文，系统地展示了传统葫芦在中国文学、绘画、音乐、工艺美术等方面承载的丰富文化内涵以及历代匠人的高超匏艺。

丛书不仅具有历史的、文化的视野，也深刻关注葫芦文化的传承与发展现实，对云南澜沧县、辽宁葫芦岛、山东东昌府等地的葫芦文化发展做出翔实纪录，结合葫芦大观园、葫芦烙画、葫芦针雕、葫芦民俗旅游村、葫芦宴等不同形式的葫芦文化传承与发展案例，全面分析各地葫芦画室、葫芦艺匠、葫芦研究、葫芦收藏、葫芦精品发展情况，深入探讨葫芦文化融入当代经济与生活的路径，葫芦于小处成为民众饮食起居所需之物，经济财富之源，信仰诉求形式等，大者则被塑造成为当地城市的文化地标、宣传品牌，有的成为社会经济产业的新兴途径、对外交流的文化名片。

这部丛书富有科学精神和人文视野，是葫芦文化研究与普及的一部力作，不仅对葫芦文化的发展历史与现实做出了全面系统的梳理和研究，也对民间文化、民间艺术的个案研究和历史研究做出了深入的探索，富有启示意义。中华文脉历久弥新，需要的正是这样磅礴而专注的努力和实践。

序言如上。不妥之处，敬请各位同仁和读者朋友指正。

潘鲁生

2018 年 3 月 29 日

序 二

伴随着文明社会的发展，葫芦流布于世界各地，演化为人类生产、生活与生命信仰中的亲密朋友，用途广泛、影响久远，葫芦除了是一种自然瓜果外，还是一种人文瓜果。在中国，葫芦文化绵延数千年，是"中华民俗文化中具有一定意义的组成部分"。

在传承久远、洋洋大观的葫芦文化中，本丛书从史料、文学、器物、图像、植物、地域等角度加以梳理，采撷其粹，集结汇编，向世人展现博大精深的中华葫芦文化。谈及这套丛书的编纂，还得从我的经历说起。

我出生于《沂蒙山小调》诞生地葫芦崖脚下，从小生活在浓厚的葫芦文化氛围之中。忆及儿时，家家种葫芦，蜿蜒的藤蔓和悬垂的瓜果随处可见，传说八仙之一铁拐李的宝葫芦即采于此。又因中国古代曾称葫芦为匏鲁，遂以此为笔名，亦寓意匏姓鲁人。葫芦从开花作纽到长大成熟，不断轮回的画面在我脑海里生根发芽，缓缓流淌，生生不息。巧合而幸运的是，高中毕业后，我考取了曲阜师范大学，攻读美术专业，毕业留校工作，由于对葫芦题材花鸟画情有独钟，工作之余投入很多的精力和时间创作写意葫芦画，收藏葫芦，研究葫芦文化，参与国内外的葫芦文化活动。2007年，创建了葫芦画社；2010年，建立了葫芦文化博物馆；2013年，组织成立国际葫芦文化学会；2015年，启动了"最葫芦·葫芦文化丝路行"工程等等。这些努力赢得了业内前辈专家的认可，著名画家陈玉圃先生十分赞同我"开创'葫芦画派'"的观点；潘天寿先生的高足、我大学时花鸟画老师杨象宪教授在看过我的写意葫芦画和葫芦收藏后欣慰地说："从此我不再创作葫芦题材花鸟画，这个题材就交给你了"，并为我题写了"贵在坚持"四个大字，鼓励我坚持自己的葫芦题材创作方向。

为了更好地创作葫芦题材的花鸟画，了解各种葫芦的形态，如长柄葫芦到底有多长，大的葫芦到底有多大等，我开始收藏葫芦，随着葫芦藏品不断丰富，发现葫芦承载着丰厚的文化内涵，对葫芦背后的民俗文化也逐渐了解、熟悉并日渐痴迷。后来，越来越感受到葫芦文化的奥妙无穷，相比之下，自己所做的工作和取得的成绩真是沧海一粟，微不足道。同时，我认识到现实中葫芦文化在人类生产、生活和精神世界中的衰落，也是一个无法回避的重要问题，这促使我深感传承和创新优秀葫芦文化的重要性和紧迫性。为此，我曾许下弘愿，要让葫芦文化在我们这一代振兴而不是衰落，要大放光彩而不是黯然失色。这种想法一直盘桓于胸，久久难以释怀。

幸运的是，我的梦想在一次偶然的与友人相会中忽然变得触手可及。那是在 2015 年的初秋某日，老友叶涛教授（中国社科院研究员、中国民俗学会副会长兼秘书长）前来探访，并参观葫芦文化博物馆、葫芦画社。这次来访距离上次叶教授参观草创时期的葫芦画社已经过去了 8 年，参观过后，叶教授用"无比欣慰"对我 8 年来的成绩给予了充分肯定，并且凭着他敏锐的学术眼光和多年从事民俗文化研究的经验，一针见血地指出：葫芦文化是中华优秀传统文化的重要组成部分，古今学者名家对这一题材都有涉猎，但在全面深入、系统整理方面乏善可陈，建议由我组织编纂一套《葫芦文化丛书》，可为全面系统地研究葫芦文化奠基供料。老友一语点醒梦中人，一番高瞻远瞩的建言令所有钟爱葫芦文化者为之心动，我自然也不例外，所谓"夫子言之，于我心有戚戚焉"。当时，我就表示要做，且要做好此事。尽管如此，在许诺之后，自己的内心除了惊喜、振奋之外，更多的是一种忐忑不安，不禁扪心自问：国内有这么多葫芦研究专家，"我到底行不行？""为什么是我？为什么不是我？"
类似的疑问盘桓脑海良久，但传承与弘扬中华葫芦文化的愿望亦是心头
萌生良久之物，一份为弘扬传统葫芦文化而义不容辞之责让我毅然站在
新的起跑线上，担起组织编纂《葫芦文化丛书》的大业与重任。决心一
下，我开始组织有关人员分头搜集与葫芦有关的资料。当年 12 月份，
叶涛教授再次专程来到曲阜，指导丛书编写事宜，经过充分讨论、酝酿，
本次会面决定从《研究卷》《史料卷》《文学卷》《器物卷》《图像卷》
等几个方面来梳理资料，汇编成册。接着，我开始四处联系专家、学者，
并北上京津拜访名士，横跨南北，纵贯多省，十几个城市的几十名专
家出于对葫芦文化的热爱和对我的厚爱，开始陆续加入到我们这个团
队中来。

　　2016 年春节期间，热闹喜庆的气氛让我忽然想到，中国有几个地
方都举办精彩纷呈的葫芦文化节，是不是再增加一卷《节庆卷》才会让
这套书更完整？我顾不得春节休息，马上打电话和叶涛教授沟通汇报，
他充分肯定了我的意见，觉得很有必要。但后来，深入思考后觉得由于
每个地方特色各异，情况不同，在一卷里难以展现不同地域的全貌，我
再次请教叶教授，最后我们决定增加《澜沧卷》《葫芦岛卷》《东昌府卷》
地方三卷，以期对这三种具有地域代表性的葫芦节庆和葫芦文化做出全
面深入的总结。至此，《葫芦文化丛书》已成八卷之势。这里需要特别
说明的是，叶教授从策划、设计到每一卷的确定，甚至具体到章节，都
付出了巨大的心血，每每是在百忙之中不辞辛劳地与我反复沟通、协商、
指导，可以说，没有叶教授，就没有本套丛书，在此，我必须向叶涛教
授表达最诚挚的谢意。

　　那个寒假，除确定了八卷本编纂任务外，我还联系中华书局，于
2016 年正月十四日赴北京拜访，汇报编纂方案，得到金锋主任、李肇
翔先生的充分肯定，并答应由中华书局出版发行丛书。随后，我组织部
分青年朋友和专家学者，撰写和论证丛书提纲，制定编纂计划，一个庞
大的学术计划若隐若现，在不断的实践中渐渐成形，悠然而启。

在众多学界同仁与友人的鼎力支持下，2016 年 3 月 12 日，《葫芦文化丛书》编纂工作会议在曲阜师范大学举行。会议召开前夕，在和与会专家聊天时，叶涛、张从军等教授提出，我们这套丛书尽管已经八卷，看似完备，但好像还缺少点什么，葫芦是从哪里来的，它的根在哪里？是不是还应该再从科学的角度对葫芦这个物种进行界定？闻此，我犹如醍醐灌顶，连夜联系到包颖教授，与她商讨此事，于是《植物卷》应运而生。至此，丛书九卷本的整体架构最终定型。

这次编纂工作会议开得非常成功。来自中国社科院、国家博物馆、中华书局、南开大学、山东工艺美术学院、山东建筑大学、曲阜师范大学、云南省社科院、黑龙江省文史馆等高校和科研单位的 30 余位专家学者，以及云南省澜沧拉祜族自治县，辽宁省葫芦岛市葫芦山庄，山东省聊城市东昌府区、济宁市和曲阜市等地的有关政府部门和社会团体负责人汇聚一堂，围绕丛书编纂工作展开研讨，都表示要力争将其做成"填补国内外葫芦文化研究的空白之作"。会上，确定了丛书编纂体例和各卷编纂成员，并由中华书局出版发行。《葫芦文化丛书》从此进入了正式编纂阶段。

在接下来的时间里，编纂团队全体成员怀着崇高的使命感，为了共同的目标不辞辛苦，竭尽心智，克服时间紧张、任务繁重、头绪杂乱等诸多困难，牺牲大量的休息时间，严格按照进度要求，执行质量标准，加强协作配合，全力推进丛书编纂工作，尤其是南开大学孟昭连教授承担了两卷的编写任务，而且孟教授接手《器物卷》较晚，其困难更是可想而知。各位专家表现出的忘我奉献精神和严谨治学品格令人钦佩。特别值得一提的是，在丛书编纂过程中，我们于 2016 年 7 月和 10 月在中国曲阜文化国际慢城葫芦套民俗村和聊城市东昌府区分别召开了丛书推进和审稿会议，葫芦岛市葫芦山庄将于 2018 年第九届国际葫芦文化节承办《葫芦文化丛书》发行仪式，有关地方政府、葫芦文化产业等都给予了积极配合和大力支持。同时，山东民俗学会等单位和个人也陆续加入到我们这个大家庭中来，让我看到在中国这片土地上复兴中国优秀传统文化的希望。在葫芦文化的感召下，丛书编纂团队同心协力，共同汇聚成一股强大的精神力量，推动着丛书编纂工作一步步扎实前行，最终如期完成，倍感欣慰。

在丛书即将付梓之际，我百感交集，感激之情无以言表，对丛书编纂过程中给予亲切指导、大力支持的各有关单位和诸位领导、专家、学者与同仁表示诚挚的感谢。感谢山东省文化厅，感谢中共澜沧县委、澜沧县人民政府，感谢中共东昌府区委、东昌府区人民政府，感谢山东省"孔子与山东文化强省战略协同创新中心"，感谢现代生物学国家级虚拟仿真实验教学中心，感谢曲阜文化国际慢城葫芦套民俗村，感谢京杭名家艺术馆杨智栋馆长，感谢辽宁葫芦山庄文化旅游集团有限公司王国林董事长，感谢山东世纪金榜科教文化股份有限公司张泉董事长，感谢聊城义珺轩葫芦博物馆贾飞馆长，感谢曲阜师范大学胡钦晓教授。感谢潘鲁生先生欣然为之作序，让本丛书增色颇多，感谢丛书的顾问刘德龙、张从军、傅永聚、叶涛等诸位先生为丛书规划设计、把关掌舵，感谢中华书局金锋、李肇翔、许旭虹等同仁对丛书出版付出的心血和大力支持，感谢孟昭连、高尚榘等我尊敬的专家教授，感谢我可亲的同事们和全国各地葫芦文化同仁朋友们，感谢我不辞辛劳的学生们和无数共举此盛事的人们，言不尽意，或有遗漏以及编纂不周之处，请诸位见谅，心中感念永存！

我是幸运的，有诸位同道师友与我一起共赴理想，描绘中华葫芦文化的绚丽多姿；我们是幸运的，身处一个伟大的时代，民族复兴的滚滚春潮孕育、催生着一朵朵梦想之花。2013年11月26日，习近平总书记视察曲阜并对弘扬中华优秀传统文化发表重要讲话。我作为孔子家乡大学的一名从事葫芦文化研究的学者，倍感振奋、倍受鼓舞，习总书记的讲话为我的研究事业指明了前进方向，提供了根本遵循。也就是自那时起，我更加清醒地认识到肩上的使命，更加系统地思考谋划葫芦文化研究事业，进而形成了"一脉两端"整体研究格局。"一脉"即中华优秀传统文化之脉，"两端"即"向上提升""向下深挖"；"向上提升"

就是将葫芦文化研究提升到贯彻落实习近平总书记曲阜重要讲话精神，推动中华优秀传统文化传承弘扬，为中华文化繁荣兴盛贡献力量的高度；"向下深挖"就是要扎根"民间""民俗""民族"的优秀传统文化，推动葫芦文化通俗化、大众化、时代化。五年后的今天，当初那颗梦想的种子已经生根发芽，吐露着新绿。我坚信，沐浴着新时代的浩荡东风，她必将傲然绽放出更加夺目的光彩！

艺术是文化之脉，文化是艺术之根——这是我从事葫芦文化研究工作的深刻领悟。一名艺术工作者只有将根基深扎在中华文化的沃壤上，其艺术创作才会厚重而不轻浮、坚定而不盲从，才会充溢着炽热而深沉的人文情怀，由内而外生发出撼人心魄的艺术力量。毫无疑问，葫芦文化研究对葫芦题材绘画创作的涵养与提升，其作用正是如此。在长期的民间探访、乡野调查、写生采风和对葫芦文化的发掘整理中，我对葫芦的形与神、意与韵、气与骨，都有了更为深切的体悟。这些慢慢累积的情感，聚于胸中，流诸笔下，使我的艺术创作更加纯粹淡然，无论是水墨的点染还是色彩的铺陈，都是我与心灵的对话，对生命的赞美，对文化的致敬。

葫芦就像一个音符，永远跳跃在我的心头。此前大半生我用尽心力去创作、收藏和研究葫芦，此后之余生亦会毅然决然地投身于葫芦文化事业之中，平生与葫芦结下的一世缘分，愈久愈深，浓不可化。九卷本《葫芦文化丛书》是一个新的起点，我会在传承与创新葫芦文化的漫漫长路上竭我所能，略尽绵薄。

是为序。

扈鲁

2018 年端午节

目　录

概　述　001

第一章　澜沧江畔的璀璨明珠　005

第一节　澜沧拉祜族自治县概况　006

一　自然地理　006

二　人文概况　007

第二节　澜沧县国家级非物质文化遗产
　　　　——《牡帕密帕》　015

第三节　《牡帕密帕》保护传承基地　017

一　野阔拉祜　017

二　《快乐拉祜》唱响的地方　018

三　拉祜神鼓敲响的地方　018

四　拉祜编织之乡　019

五　拉祜摆舞之乡　020

六　芦笙吹响的地方　021

第二章　澜沧葫芦的传说　023

第一节　拉祜族关于葫芦的传说　024

一　《牡帕密帕》中的记载　025

二　《拉祜民间诗歌集成》中的记载　030

三　其他著作中的叙述　032

第二节　佤族关于葫芦的传说　037

一　《司岗里的传说》壁画和《佤族民歌》中的记载　038

二　《葫芦的传说》中的记载　039

第三节　哈尼族关于葫芦的传说　043

第四节　傣族等其他少数民族关于葫芦的传说　046

一　傣族关于葫芦的传说　046

二　彝族和布朗族关于葫芦的传说　047

第三章　葫芦在传统文化中的应用　049

第一节　葫芦在拉祜族民间传统文化中的应用　050

一　葫芦在民间传统舞蹈中的应用　050

二　洗手礼和抢新水　066

第二节　葫芦在哈尼族传统文化中的应用　067

第三节　葫芦在傣族传统文化中的应用　068

第四节　葫芦在佤族和布朗族传统文化中的应用　068

一　葫芦在佤族传统文化中的应用　068

二　葫芦在布朗族传统文化中的应用　069

第四章　阿朋阿龙尼　071

第一节　阿朋阿龙尼的由来　072

第二节　阿朋阿龙尼的确定及其演变　073

第三节　阿朋阿龙尼盛况　076

一　1992 年阿朋阿龙尼　076

二　2005 年阿朋阿龙尼　077

三　2006 年阿朋阿龙尼　080

四　2008 年阿朋阿龙尼　082

五　2009 年阿朋阿龙尼　086

六　2011 年阿朋阿龙尼　089

七 2013 年阿朋阿龙尼　091

八 2014 年阿朋阿龙尼　097

九 2015 年阿朋阿龙尼　099

十 2016 年阿朋阿龙尼　100

第五章　澜沧的葫芦情　103

第一节　触目皆是的"葫芦"　104

第二节　生活中无所不在的葫芦　107

第六章　葫芦文化及其产业发展的思考　111

第一节　葫芦文化和葫芦文化产业现状　112

一 葫芦文化　112

二 葫芦文化产业现状　113

第二节　发展葫芦文化特色产业的条件　115

一 自然条件　115

二 人文条件　115

第三节　葫芦文化特色产业发展总体思路　116

一 建一座葫芦文化主题园　116

二 芦笙工艺加工制作销售产业　118

三 葫芦种植产业　118

四 建筑建材装饰产业　119

五 文学艺术和影视产业　119

第四节　发展葫芦文化特色产业的措施　120

一 科学规划、精心组织　120

二 加大投入、引入人才　121

附　录　123

附录一　124

关于拉祜族节日的通知　124

关于确定澜沧拉祜族节日的通知　125

澜沧拉祜族自治县人民代表大会常务委员会
关于报批拉祜族"阿朋阿龙尼"的报告　126
云南省人民代表大会常务委员会办公厅
"云人办函字〔1992〕56号"文　129
关于调整我县"葫芦节"过节时间的建议　130
云南省人民代表大会常务委员会关于批准
《云南省澜沧拉祜族自治县民族民间传统文化
保护条例》的决议　131
澜沧拉祜族自治县人民代表大会常务委员会公告　132
澜沧拉祜族自治县第十三届人民代表大会第五次会议关于
《云南省澜沧拉祜族自治县民族民间传统文化保护条例》
的决议　132
云南省澜沧拉祜族自治县民族民间传统文化保护条例　133
《云南省澜沧拉祜族自治县民族民间传统文化保护条例》
的说明　138

附录二　143
《牡帕密帕》节选　143
《拉祜民间诗歌集成》节选　231
佤族民间神话史诗《葫芦的传说》节选　246
《神圣葫芦与澜沧江》乐谱　255

后　记　258

概

述

　　澜沧拉祜族自治县地处祖国西南边陲，位于云南省西南部，隶属云南省普洱市，因东临澜沧江而得名。

　　澜沧拉祜族自治县是全国唯一的拉祜族自治县，也是少数民族聚居较多的县。长期以来，澜沧县各民族和睦相处，形成了以拉祜族文化为主，包容各民族文化特点的具有澜沧地域特色的"拉祜文化"。

　　澜沧拉祜族自治县有着丰富的民族原生态文化资源。电影《芦笙恋歌》的主题曲《婚誓》即取材于澜沧拉祜族音乐元素；拉祜族创世史诗《牡帕密帕》和"拉祜族芦笙舞"分别于2006年和2008年被列入第一批和第二批《国家级非物质文化遗产名录》；申报世界文化遗产的"普洱景迈山古茶林"与有近百年历史的"糯福教堂"于2013年被列为"国家级重点文物保护单位"；"拉祜族迁徙史诗《根古》""拉祜族摆舞""拉祜族竹编工艺""拉祜族服饰习俗""拉祜族葫芦节""拉祜族芦笙制作工艺""澜沧县南段拉祜族传统生态文化保护区"和"澜沧县惠民镇芒景布朗族传统生态文化保护区"等8个项目被列入《云南省省级非物质文化遗产保护名录》。2014年，澜沧县被文化部命名为全国文化先进县。

　　拉祜族先民属古代羌人族系，主要分布在北纬17°24′～24°50′，东经98°50′～105°区域，全世界三分之一、全中国二分之一的拉祜族聚集在澜沧拉祜族自治县。据拉祜族创世史诗《牡帕密帕》记载，人类是从葫芦里诞生的，拉祜族的始祖扎迪和娜迪是从葫芦里出来的。因此，拉祜族又称为"从葫芦里出来的民族"。不仅如此，本地其他少数民族也有许多关于葫芦的传说，这些传说或形象塑造有异，或情节不同，或细节不一，但都有同一个主题，即葫芦是人类始祖诞生的母体。

澜沧拉祜族自治县自然条件得天独厚，易于葫芦生长。葫芦栽种一般在自家房前屋后。县境内栽种的葫芦分甜葫芦和苦葫芦，甜葫芦可食；形态上可分为大葫芦和小葫芦，大葫芦用作盛器，小葫芦用来制芦笙或工艺品。

在很长的历史时期，拉祜族男子外出，至少身佩三个葫芦：一个盛水或酒，一个装火药（自制的打猎用的弹丸），一个是以葫芦为主体的拉祜族芦笙。葫芦盛水水清凉，盛酒酒醇香，装火药不受潮。拉祜族和其他少数民族在日常生活中常将葫芦做成盛器——罐（用于贮种）、水瓢、水壶和酒壶等。

作为文化符号，澜沧拉祜族自治县触目皆是"葫芦"：县人民政府办公大楼前矗立着两个巨大的雕塑葫芦，县境分界有装饰葫芦，文化活动中心——牡帕密帕广场中央矗立着巨大的雕塑葫芦，道路照明灯、公交站台、户外广告栏、居民住宅等都有装饰葫芦，拉祜族男子服饰配有葫芦图案，拉祜族少女以葫芦作头饰。

拉祜族崇拜葫芦，"阿朋阿龙尼"（拉祜语音译，汉语意为"葫芦节"）是拉祜族的传统节日，是澜沧县域内的法定节日。据《牡帕密帕》记载：人类的始祖——扎迪和娜迪是从葫芦里走出来的，从此世上有了人类。拉祜族视葫芦为母体，视扎迪和娜迪从葫芦里走出来的日子——农历十月十五为吉祥日。于是，便有了"阿朋阿龙尼"。

2006年，拉祜族葫芦节被列入《云南省第一批非物质文化遗产保护名录》，同年，"阿朋阿龙尼"由原来的农历十月十五日—十七日调整为每年公历的4月8日—10日，与澜沧拉祜族自治县成立日相连。

《葫芦文化丛书·澜沧卷》收集整理了关于葫芦的民间传说，以及葫芦在民族民间传统文化中的应用和各界人士关于澜沧葫芦文化的研究成果，旨在为今后研究澜沧葫芦文化抛砖引玉。

第一章

澜沧江畔的璀璨明珠

第一节 澜沧拉祜族自治县概况

澜沧拉祜族自治县（以下简称澜沧县）隶属云南省普洱市，位于北纬 22°01' ～ 23°16'，东经 99°29' ～ 100°35' 范围，因东临澜沧江而得名，是澜沧江流域唯一以澜沧江命名的县。全县土地面积 8807 平方公里。

截至 2017 年末，全县辖 15 个乡 5 个镇，161 个村民委员会（含 4 个社区居民委员会），2655 个村民小组，总人口 50.09 万人，有拉祜族、佤族、哈尼族、彝族、傣族、布朗族、景颇族和回族等 20 多个少数民族。少数民族人口 40 万人，其中，拉祜族人口 21.77 万人，分别占全县总人口的 79.86% 和 43.25%。

一 自然地理

澜沧县域地处横断山系纵谷区南段，怒山山地余脉临沧大雪山的南支。除了县境东界受澜沧江及其支流切割，形成山高谷深的地貌形态外，其他仍为和缓起伏的残余高原面。山脉多为西北向东南走向，主要有公明山脉、孔明山脉、帕令山脉、芒黎山脉和扎发谷山脉，新城乡境内的麻栗黑山海拔 2516 米，为全县最高点，东南部糯扎渡乡勐矿海拔 578 米，为全县最低点。县内地形地貌复杂，海拔高低悬殊，故气候垂直分异明显，地形小气候复杂多样，具有典型的立体气候特征。①除澜沧江和小黑江外，境内共有大小河流151条，均属澜沧江水系。

澜沧县境与普洱市思茅区、景谷县、孟连县和西盟县，西双版纳州勐海县以及临沧市沧源县和双江县等三个市（州）的七个县（区）相连。县域西部和南部部分与缅甸接壤。

澜沧县为云南省县（市、区）级土地面积第二大、全国少数民族自治县土地面积第一大县。澜沧县盛产茶叶、甘蔗、咖啡、橡胶、柠檬等多种生态经济作物，其中茶叶产业是澜沧县第一大支柱产业。

二 人文概况

（一）历史沿革

今澜沧县境西汉属益州郡哀牢地。东汉至两晋属永昌郡。唐南诏时称"邛鹅川"，属银生节度辖境。宋大理国时期属永昌府。元属木连路军民府（治所在孟连）。明永乐四年(1406)置孟连长官司后为该长官司辖地。清康熙四十八年(1709)设孟连宣抚司，属孟连宣抚司管辖，隶永昌府（乾隆二十九年改隶顺宁府）。

清光绪十四年(1888)，正式核准小黑江以北缅宁厅属猛猛（今双江）土巡检所辖之上改心地，小黑江以南孟连宣抚司所属之下改心地置镇边直隶厅，厅署设于圈糯（谦糯），隶云南省迤南道（驻普洱），此为澜沧设治之始。"镇边"，乃镇守、威慑边境之意。

民国二年(1913)，改镇边直隶厅为镇边县。民国四年，以东临澜沧江而更名为澜沧县，隶云南省普洱道。民国十八年废普洱道。

1949年2月澜沧解放，4月建立澜沧区行政专员公署。1950年6月，成立澜沧县人民政府。1953年4月7日，成立澜沧拉祜族自治区（县级），

---

① 以上参见澜沧拉祜族自治县地方志编纂委员会编纂《澜沧拉祜族自治县志》，云南出版集团公司云南人民出版社，2013年2月第1版。

1955 年改称澜沧拉祜族自治县。[①]

（二）文化资源

1. 全国重点文物保护单位

（1）普洱景迈山古茶林

普洱景迈山古茶林，通称"千年万亩古茶园"，位于澜沧县惠民镇景迈、芒景和芒云三个行政村范围内，主要居住着傣族和布朗族两个世居少数民族。

普洱景迈山古茶林总面积 2.8 万亩，古茶树繁衍至今已经有 1300 余年的历史，是普洱沱茶原生产地之一，是以森林生物多样性为依托，以具有 1300 余年历史的山地人工栽培型古茶林为主体，以乔、灌、草立体结构的林下种植技术为核心，以丰富的茶文化和民俗文化为特色，见证茶文化发展历史，彰显和谐人地关系的杰出的山地混农林景观，是目前世界上保存最完好，年代最久远，连片面积最大的人工栽培型古茶园，被中外专家誉为"茶树自然博物馆"。

普洱景迈山古茶林的古茶树以森林生物多样性为养分而自然生长，是纯天然的绿色产品。寄生在古茶树上的"螃蟹脚"（普洱景迈山古茶林古茶树上特有的派生植物，因其枝细长，形似螃蟹脚而得名）具有降血压、降血脂、降血糖和清热解毒的功效。

走进普洱景迈山古茶林，可以切身感受到清新的山野气息，独特

普洱景迈山古茶林古茶树上寄生的"螃蟹脚"

[①] 参见澜沧拉祜族自治县地方志编纂委员会编纂《澜沧拉祜族自治县志》，云南出版集团公司云南人民出版社，2013 年 2 月第 1 版。

普洱景迈山古茶林中的民居

的山林幽香；云雾漂浮，宛如玉带缭绕在崇山峻岭；深山密林和古茶树环抱着少数民族传统干栏式民居组成的村落，大山、森林、古茶树、少数民族传统村落和民居，交相辉映，构成了一幅人与自然相互交融、人地和谐的绚丽画卷。

2010年，普洱景迈山古茶林申报世界文化遗产工作启动，申报总面积17704.50公顷。普洱景迈山古茶林先后入选"中国最具价值文化（遗产）旅游景区""2011中国十大休闲胜地"，景迈山芒景村被评为"2011年中国最有魅力休闲乡村"之一。2012年9月，普洱景迈山古茶林被联合国粮农组织公布为"全球重要农业文化遗产（GIAHS）"保护试点，同年11月成功入选《中国文化遗产预备名单》。2013年5月被列入第七批"全国重点文物保护单位"（编号：7-1941-6-005）。

（2）糯福教堂

糯福教堂位于澜沧县糯福乡，系美国基督教浸信会派遣牧师到澜沧传教用的基督教堂，建于民国十一年（1922），教堂设计融合了西洋建

糯福教堂正面

筑和当地少数民族建筑风格，总建筑面积为 506.6 平方米。

1987 年糯福教堂被列为"云南省重点文物保护单位"；2013 年被列为"第七批全国重点文物保护单位"（编号：7-1906-5-299）。

2.主要旅游景点

（1）邦崴千年古茶树

邦崴千年古茶树位于澜沧县富东乡邦崴村，树龄有 1800 年左右，生长在海拔 1900 米的高寒气候环境里，为乔木型大茶树，树高 12 米，是一棵既有部分野生特征，又有部分人工种植特征的过渡型古茶树，是迄今在全世界范围内发现的唯一由野生型向人工栽培型过渡的古茶树，堪称"过渡型古茶树王"。

1997 年，原中国国家邮电部发行《茶》邮票一套四枚，第一枚《茶树》面值 50 分，图案即邦崴千年古茶树。

（2）糯扎渡镇

糯扎渡镇位于澜沧县东部省道 309 线，澜沧江畔，总面积 937 平方公里，为澜沧县面积第一大镇，是内地通往澜沧县的门户，居住着拉祜族、彝族、哈尼族、傣族、布朗族和佤族等十多个少数民族，少数民族人口占总人口的 75.5％。亚洲野象，各种名贵中药材，堪称"澜沧苹果"的茡依以及冠称"树木活化石"的沙罗树等众多物种分布在糯扎渡区域内。

整控江摩崖

位于糯扎渡镇勐矿村下勐矿村民小组东侧，在距澜沧江边不远处的一个石灰岩质岩壁上。该摩崖记录了公元 1282 年元都不花等领军南征八百媳妇国（今泰国北部、缅甸东北部和清迈周边）的经过。1987 年，被列入"云南省重点文物保护单位"。

仙顶云山

位于糯扎渡镇荒坝河村大芒界村民小组，平均海拔 1800 米。远眺仙顶云山宛如一道工整坚固的绿色城墙，山顶上时常漂浮着云朵，日出时分，整座山云雾缭绕。登仙顶云山，山风习习，林海茫茫，不知名的山花野果芳香四溢，飘落下的枯枝树叶随着行进速度在脚下发出不同的旋律，悠悠的茶马古道绕山而过。

民国七年（1918）春，为反抗土司、地主、高利贷者及官府对人民的压迫剥削，在已没落无势的拉祜族土司后代李虎、李龙的领导下，发动了以拉祜族为主并联合哈尼、傣、彝等民族参加的农民起义斗争。如今，在仙顶云山上依然可见农民起义时的营盘和防御工事等遗迹。正因如此，仙顶云山又称仙顶营。

仙顶云山半山腰上有一孔充满传奇色彩的泉眼，称为"一碗水"，口径为 60 厘米，泉水清凉甘甜，令人回味无穷。一年四季，不论旱涝，"一碗水"中的泉水始终保持常量，既不会干涸，也不会溢出。

大歇场

茶马古道上马帮歇息的山洼，现称大歇场寨，属糯扎渡镇东部的雅口村村民小组，面积 8.85 平方公里，海拔 1360 米。截至 2017 年末，有 88 户农户。寨中现有一口井，据说是当年南来北往的马帮歇息驻扎时的饮用水。

糯扎渡水电站

糯扎渡水电站由华能集团开发建设，位于糯扎渡镇与普洱市思茅区交界处的澜沧江下游干流上，总装机容量585万千瓦，是国家实施"西电东送"及"云电外送"的骨干电源，是云南省境内装机容量和库容最大的水电站，也是澜沧江流域工程规模和调节库容最大的电站。进入开放的观光库区，既能饱览"高峡出平湖"的壮观景象，又能休闲垂钓，观赏南国风光。

高峡出平湖——糯扎渡水电站库

（3）民族传统村落

糯干傣族古寨

"糯干"，傣语的音译，意为"鹿饮水的地方"。糯干傣族古寨属澜沧县惠民镇景迈村糯干村民小组糯干老寨，是一个有千年历史的傣族村寨，也是普洱景迈山古茶林的著名景点之一，海拔1450米。

翁基古寺

古寨依山傍水，保留着完整的原始古村落面貌和山地傣族的传统文化，寨中高寿老人较多，有"长寿村"之称。

翁基布朗族古村落

属澜沧县惠民镇芒景村翁基村民小组，是一个有千年历史的布朗族村寨，也是普洱景迈山古茶林的著名景点之一，海拔1700米。翁基古村落保留着完整的布朗族生态文化，古村落旁半山上有古寺庙和3000余年历史的古柏树。2013年，芒景村布朗族传统生态文化保护区被列入《云南省第三批省级非物质文化遗产保护名录》。

（4）拉祜风情园

拉祜风情园位于澜沧县城北部，距县城中心2公里，是澜沧县城乡居民休闲娱乐的风景区。

拉祜风情园以上世纪五十年代人工挖掘而成的佛房河水库为中心，占地面积300亩。是集拉祜族、佤族、哈尼族、彝族、傣族、布朗族、景颇族和回族等

拉祜风情园正门

澜沧县八个世居少数民族故事传说、历史文化、民俗风情、建筑艺术、音乐舞蹈、宗教信仰和生活环境为一体的民俗大观园。

3.民族传统节庆

(1) 阿朋阿龙尼

"阿朋阿龙尼"，拉祜语音译，汉语意为葫芦节，是拉祜族的传统节日。"阿朋阿龙尼"的由来，源于拉祜族创世史诗《牡帕密帕》。

《牡帕密帕》叙述道：

厄萨（拉祜族原始宗教信仰中的至高无上者）造天造地，造日月星辰后，又给日月星辰取名字，取名的第一天就是属猪日，第一个月就是十月（农历）。厄萨造好天地后，又种葫芦造人。葫芦十月成熟，十五的那天打开葫芦，世间的第一对人，即人类的祖先扎迪（男）娜迪（女），便从葫芦里走出来。从此，世上才有了人类。因此，农历十月十五日，就是传说中的拉祜族诞生日。

1992年，经澜沧拉祜族自治县第九届人民代表大会常务委员会第十七次审议通过，决定每年农历十月十五、十六、十七日为拉祜族的"阿朋阿龙尼"。2006年起，"阿朋阿龙尼"的时间调整为每年公历的4月8、

9、10 日，与澜沧拉祜族自治县成立日相连。

2006 年，拉祜族葫芦节入选《云南省第一批非物质文化遗产保护名录》。

（2）扩塔节

"扩塔"是拉祜语的音译，意为过年。时间与汉族春节同期，断断续续共九天。正月初一至初四为一节，初八、初九为二节，十三至十五为三节。传说很久很久以前，拉祜族男子出门狩猎没能赶回家过年，所以初八、初九补过节。因此，在拉祜族的扩塔节里，初一至初四属"大年"，又称"女人节"；初八、初九属"小年"，又称"男人节"。

（3）新米节

新米节是澜沧县的拉祜族、佤族、哈尼族等少数民族在稻谷成熟收割后，依照本民族的宗教信仰和生活习俗举行的庆祝活动。在欢度新米节时，除品尝刚收获的新米以外，还举行民族民间传统活动。新米节没有固定的时间，一般是在稻谷成熟收割后月内。

（4）泼水节

泼水节即傣历新年，是傣族最隆重的节日，约相当于公历 4 月中旬，节日持续三天。节日清晨，傣族男女老少穿上节日盛装，挑着清水，先到佛寺浴佛，然后就开始互相泼水，以祝吉祥、幸福、安康。澜沧县的傣族主要聚集在上允镇和惠民镇景迈村。

（5）山康茶祖节

山康茶祖节是澜沧县惠民镇芒景村布朗族的传统节日，时间为农历二月二十七到三月初一，相当于公历 4 月中旬，类似于汉族的春节。

山康茶祖节一般是四天时间。第一天，打扫村寨环境卫生和个人卫生；第二天，各村寨杀猪宰牛，筹办酒席，为接待亲朋好友做准备；第三天，各村寨赕佛，并举行歌舞比赛和泼水狂欢等活动；第四天，全村的男女老少身着节日盛装，前往帕岩冷山祭拜茶祖。

布朗族山康茶祖节有大祭和小祭之分，三年为一轮，第一、二年为小祭，第三年为大祭。小祭一般只是村民自己带一些祭品放在茶魂台上敬献祭拜，遇到大祭时则要举行盛大的剽牛仪式。

第二节　澜沧县国家级非物质文化遗产——《牡帕密帕》[①]

　　《牡帕密帕》是拉祜族以说唱形式流传的长篇创世史诗，是拉祜文化的瑰宝，全诗共计 3844 行（不含"战争与迁徙"章节的 788 行）。2006 年，被列入《第一批国家级非物质文化遗产名录》（编号：Ⅰ-4）。

澜沧县民族文化工作队歌舞诗《牡帕密帕》剧照

---

① 澜沧拉祜族自治县文化馆和澜沧拉祜族自治县非物质文化遗产保护中心 2014 年收集整理版。

"牡帕密帕"为拉祜文 MUD PHAF MIL PHAF 的音译，意为"开天辟地"。

作为以说唱形式流传的民间文学，《牡帕密帕》在不同区域的流传，篇目和情节等不尽相同，但都包含了厄萨（拉祜族原始宗教信仰中的至高无上者，是拉祜族神话传说中无所不能、无处不在的造物之主。在拉祜族"厄萨信仰"和"厄萨崇拜"中，"厄萨"是"厄雅""萨雅"的合称，具有"神"和"父母"的双重身份。）

《牡帕密帕》的不同版本

造天造地、造太阳和月亮、划分季节、造江河湖海、造花草树木、造扎努扎别，以及播种葫芦，扎迪和娜迪（传说是拉祜族的始祖。拉祜族取名时，"扎"和"娜"分别为男女的姓氏；"扎"，汉语意为有力量、勇敢，"娜"，汉语意为乖巧、勤劳；"迪"是名，汉语意为"唯一"）的传说，比氏依松（人类）的出世和猎虎分族等内容。其中，"播种葫芦"为全诗最长的章节，共有1088行，占总篇幅的28.3%。

"播种葫芦"一节讲述，厄萨播种葫芦后，经过精心呵护和细致管理，终于盼到了葫芦结果，但葫芦不幸失踪，厄萨历经千辛万苦终于找到了葫芦，在想尽各种办法后，葫芦终于被打开，人类的始祖——扎迪和娜迪从葫芦里出来了。

《牡帕密帕》具有浓厚的神话色彩，它不仅反映了拉祜族远古时期的社会生活和生产风貌，也包含了拉祜族先民对宇宙起源和人类起源的朴素认识：（1）宇宙先于人类而存在；（2）宇宙的起源与形成是渐进的；（3）人类的起源是渐进的。

《牡帕密帕》以独特的视觉和心理，反映了拉祜族的幻想力、超凡智慧和社会习俗，反映了拉祜族的社会发展全过程。它不但具有很高的文学和艺术价值，而且，对于研究拉祜族及其发展过程，具有较高的资料价值。

《牡帕密帕》由"嘎木科"（拉祜语，意为会唱诗的人）和"魔八"（宗教活动主持者）主唱，也可由多人伴唱或多人轮唱。歌词通俗简练，格律固定，对偶句居多，说唱特点突出，曲调因地域不同而略有差异。

《牡帕密帕》主要在宗教祭祀、拉祜族传统节日、新人成婚和乔迁新居时演唱，唱者声情并茂，听者如痴如醉，说唱往往通宵达旦。澜沧县现有《牡帕密帕》代表性传承人两人。

第三节　《牡帕密帕》保护传承基地

为保护和传承民族民间传统文化，澜沧县于 2011 年建立并命名了六个《牡帕密帕》保护传承基地。

一　野阔拉祜

"野阔拉祜"位于澜沧县中部南岭乡西北部的勐炳村，距澜沧县城85 公里，距乡政府所在地 20 公里，是澜沧县拉祜族原生态保存最完好的地方之一。

"野阔"为拉祜语音译，意为生态或森林茂密的大山。野阔拉祜有古木参天、浓荫蔽日的原始森林，有枝繁叶茂的千亩野生茶树和古茶树，有拉祜族原始古山寨和拉祜族农耕文化梯田等景观。

二 《快乐拉祜》唱响的地方

"《快乐拉祜》唱响的地方"位于勐根村老达保村民小组。《快乐拉祜》是一首继影片《芦笙恋歌》主题曲《婚誓》之后再次唱遍祖国大江南北的拉祜族歌曲，它以欢快的旋律表现了拉祜族快乐幸福的生活。

老达保村民小组是澜沧县打造的哈列贾①乡村音乐小镇（位于勐根村，总面积 26.43 平方公里，覆盖勐根村 9 个村民小组）的核心区，总面积 7.14 平方公里，距国道 214 线 11 公里，距县城 51 公里，截至 2017 年末，有 118 户 494 人，民居均为拉祜族传统干栏式建筑。

老达保村民表演的拉祜族原生态歌舞和吉他弹唱，特别是多声部无伴奏合唱，闻名遐迩，多次在全国各地和央视荧屏亮相，给全国观众留下了深刻的印象。在老达保，无论是年过七旬的老者，还是刚会走路说话的孩童都能歌善舞。他们虽然从未受过专业训练，甚至不识乐谱，但凭着天然的灵性,对生活的感受以及精神的追求,创作出了以《快乐拉祜》和《实在舍不得》为代表的 300 余首歌曲。

2012 年 8 月，老达保村民小组荣获第四届新农村电视艺术节"魅力新农村十佳乡村奖"。2014 年，在云南省"彩云奖"（云南省群众文化政府最高奖项）评选活动中，他们演唱的无伴奏合唱《撵山》和《远方的客人请你留下来》获"彩云奖"。

三 拉祜神鼓敲响的地方

"拉祜神鼓敲响的地方"位于澜沧县西南部糯福乡东南方向的南段村，与缅甸接壤，距澜沧县城 120 公里，距乡政府所在地 50 公里，是澜沧县拉祜族传统文化保留最完整的地方之一。

南段村的拉祜族人信仰原始宗教。进入南段村宛如进入了古老神奇

---

① 哈列贾为拉祜语 haleja 的音译，汉语意为高兴、开心。

的世界，映入眼帘的是碧绿苍翠的高山、高耸入云的古老树木、神奇的寨门、象征生殖崇拜的寨桩和神秘的佛房。

敲响拉祜神鼓

拉祜族的圣物，平时供奉在佛堂内。拉祜神鼓以凿空的树木为鼓身，鼓身两端蒙牛皮，鼓身长度一般为 1.5 米—2 米左右，鼓面直径 1 米左右，鼓身上刻有桃李花等图案。拉祜神鼓只能在重要的传统节日或祭祀活动时敲响，敲响神鼓之前必须经过点香祭拜等程序。

糯福乡南段村南段老寨的寨桩

四 拉祜编织之乡

"拉祜编织之乡"位于澜沧县北部富邦乡西北部的佧朗村，距澜沧县城 75 公里，距乡政府所在地 15 公里。

拉祜族有悠久的编织历史。拉祜族的编织分手工织锦和手工竹编。

手工织锦从织布到着

拉祜族手工织锦

拉祜族手工竹编

色，再到成品，主要依靠天然原料和手工操作。成品色彩艳丽，既具有浓郁的地方色彩和独特的民族风格，又散发着强烈的艺术感染力，主要品种有服装、挎包、头巾和围巾等。

手工竹编从选竹、砍竹，到成品需经过数道严格的工序。主要品种有饭桌、簸箕、背篓和饭盒等各种日常生活用具。

2009 年，"拉祜族服饰"和"拉祜族竹编技艺"被列入《云南省第二批非物质文化遗产保护名录》。

五　拉祜摆舞之乡

"拉祜摆舞之乡"位于澜沧县西南部东回镇西北部的班利村，距澜沧县城 36 公里，距镇政府所在地 11 公里，是澜沧县拉祜族传统民间舞蹈保存最为完好的地方之一。

摆舞是拉祜族两大传统舞蹈之一，属女性舞蹈，共有 100 多套，它不受时间、地点和舞者人数的限制，在传统节假日和重大活动中尤为盛行。摆舞以敲击神鼓或象脚鼓、铓锣和镲为伴奏，舞者随节奏起舞。按表现内容，可分为"礼仪""生产劳动""生活"和"情绪"等四类；按表现形式可分"步伐型"和"摆手型"两类。

"步伐型"类即舞者呈"一"字队形，以踮、踩、摆、划、小跳等步伐为主，并前后左右移动，以脚步动作为主，变化多样，肩、身、手动作变化不大，风格豪放，极具震撼。"摆手型"类即舞者呈圆形，沿逆时针方向行进，以手和肩的动作为主，手上动作丰富，模拟性极强，风格轻快优美。

以拉祜族摆舞为"特色民间文化艺术"代表，澜沧县被文化部确定为 2014—2016 年度"中国民间文化艺术之乡"。

六　芦笙吹响的地方

"芦笙吹响的地方"位于澜沧县西北部木嘎乡北部的勐糯村，距澜沧县城 98 公里，距乡政府所在地 6 公里。勐糯村自然条件适宜种植制作芦笙用的葫芦，较为完整地保存了拉祜族芦笙的制作工艺。2006 年，拉祜族芦笙制作工艺被列入《云南省第一批非物质文化遗产名录》。

第二章

澜沧葫芦的传说

澜沧县有拉祜族、佤族、哈尼族、彝族、傣族、布朗族、景颇族和回族等八个世居少数民族。在澜沧县各世居少数民族中，有许多关于葫芦的传说。这些传说，尽管因民族、区域、宗教信仰不同而表述不同，细节不一，但都有一个共同的主题，即人是从葫芦里出来的，葫芦是人类始祖诞生的母体。这些传说，内容丰富，寓意深刻，情节生动，反映了澜沧县各族人民对葫芦的崇拜。

第一节　拉祜族关于葫芦的传说

拉祜族源于甘肃、青海一带的古羌人。"拉祜"是拉祜文 lad hol 的音译，"拉"的意思是虎，"祜"的意思是将肉烤熟了吃，因此，拉祜族有"猎虎的民族"之称；又因拉祜族创世史诗《牡帕密帕》记载，拉祜族始祖扎迪和娜迪是从葫芦里走出来的，拉祜族视葫芦为"天地之根，生命之源"，因此，拉祜族又被称为"从葫芦里诞生的民族"。

我国的拉祜族集中分布在澜沧江两岸的云南省普洱市、临沧市和西双版纳州等三个市（州），缅甸、越南、老挝和泰国等国家也有拉祜族。全世界三分之一、全中国二分之一的拉祜族人口聚集在澜沧县，澜沧县各乡（镇）均有拉祜族，主要集中分布在糯福乡、南岭乡、富邦乡和木嘎乡。

拉祜族的语言属汉藏语系藏缅语族彝语支。历史上，拉祜族无文字，20世纪初，西方传教士曾创制过用拉丁字母拼写的文字，但未能推广。中华人民共和国成立以后，创制了新的拉祜族拼音文字。拉祜族内部分"拉祜纳""拉祜西"和"拉祜普"，其宗教信仰有原始宗教、佛教、基督教和天主教。

澜沧县拉祜族有多个关于厄萨播种葫芦和人类诞生于葫芦的传说，这些传说主要有四个版本。在这四个版本中，虽然厄萨播种葫芦的动机、播种葫芦的过程、葫芦失踪的情节和寻找葫芦的细节不同，但是，所表达的主题都是一致的，即厄萨播种了葫芦，人类的始祖——扎迪和娜迪从葫芦里走出。

一 《牡帕密帕》①中的记载

厄萨在造天造地、造太阳和月亮、划分季节、造江河湖海、造花草树木之后，发现无人供奉天，无人祭拜地，便在房前屋后种了九蓬笔管草和九蓬芭蕉树。三年后，芭蕉和笔管草长大了，看见芭蕉有叶无节不遮天，笔管草有节无叶不遮地，厄萨十分生气，并痛骂芭蕉和笔管草。为了很好地管理天和地，厄萨造了一对小猴子和一对大猩猩，想让猴子烧香火，想让猩猩祭神台。但是，猴子天生爱动，整天上树采野果，猩猩天生贪玩，整天下地刨土和树根。广阔的天，宽阔的地，无人供奉，无人祭拜，无人管理，厄萨绞尽脑汁，坐烂了七只小独凳，躺破了七只藤篾椅，睡破了九张绫罗席，蹚烂了九双鞋，依然一筹莫展，计无所出。

---

① 澜沧拉祜族自治县文化馆、澜沧拉祜族自治县非物质文化遗产保护中心《牡帕密帕》，2014年收集整理版，下同。

于是，便准备拆天拆地。

厄萨泪流满面，心酸无比，抬头看看天，低头看看地，当看到房前屋后自己流淌的泪水已形成湖泊江河，蓦然心生主意——播种葫芦。

在扎倮和娜倮（厄萨的化身，厄萨意念的执行者。据《牡帕密帕》记载，厄萨在准备造天造地时，深感自己势单力薄，分别造了扎布和娜布，扎倮和娜倮，扎依和娜依，并赋予他们不同的能力和使命）造太阳和月亮时，洒漏了九十滴金水，泼漏了七十滴银水。其中，三十三滴洒在了空中，变成了星星；三十三滴洒在了地下，变成了金矿和银矿；三十三滴变成了树种；三十三滴变成了草种，其余的变成了葫芦籽。厄萨打开收藏着葫芦籽的锦囊，倒出四颗，小心地放在篾饭盒中。

有了葫芦种，厄萨开始为播种葫芦做准备。扎依和娜依用一个多月的时间，忙不歇停地到马厩和骡厩里积肥，肥料晾干发酵后，用火镰和火石点燃干茅草烧肥料，火烧了七天七夜，天公作美下了雨。

雨过天晴，扎依和娜依平整好了土地，厄萨开始选择播种日子："布谷鸟儿亮歌喉，正是播种好季节；燕子呢喃春天到，葫芦下种好时机"，"子鼠过后是丑牛，丑牛之后是寅虎；经过一番挑选后，日子挑在属龙日"。

选择好播种日子后，厄萨将葫芦籽交给了扎依和娜依，扎依和娜依在东南西北各点下一颗葫芦籽。

葫芦下种后迟迟没有发芽，厄萨便用银指甲和金指甲作胚胎和胚芽。扎依和娜依用银钵头和金水瓢日浇三次水，夜洒水三次。但是，北面一颗是瘪壳，南边一颗发了霉，西边一颗遭虫蛀，只有东面一颗出了芽。种子发芽后，扎依和娜依日薅三次草，夜铲三次地。由于没有根系，秧苗长不好，厄萨就用金丝银线作根系。葫芦有了根以后，秧苗长势喜人，秧苗长出了手指般粗的藤和簸箕般大的叶。"幼苗一天长三庹，秧苗一夜一个样。秧苗白天是长粗，幼苗夜间是伸长。可是幼苗不分杈，没有杈子不开花。"厄萨用剪刀剪去秧苗尖后，幼苗开始分杈，藤子向东西南北四面延伸。

藤子越长越长，厄萨担心被马啃食，用造天造地时剩余的擎天柱和银地梁做成了菩提树和大榕树，用菩提树和大榕树做成葫芦棚和葫芦架。"葫芦藤子爬满棚，葫芦藤子爬满架，可是葫芦不开花，没有花絮不结果。白天日头来呵护，晚上月亮来做伴，葫芦伸藤开白花，好似日月放光彩。"葫芦开了花，但是葫芦花没有蜜，不能授粉，葫芦只开花不结果。厄萨酿出美酒，洒到葫芦花朵间。花朵有了蜜，葫芦结了果。

葫芦结果后："三十三个落池里，成了白鱼三十种；三十三个落塘中，成了黄鱼三十种。三十三个落池里，成了青鱼三十种；三十三个落塘中，成了黑鱼三十种。葫芦一天落三个，葫芦一夜落三个，整整落了九十九，还有一个挂在藤。"

扎依和娜依日日夜夜看护着葫芦果。在阳光雨露的滋润下，葫芦渐渐地长大，慢慢地成熟。"八月葫芦黄了叶，九月葫芦黄了藤；葫芦黄藤藤不枯，藤子不枯瓜不熟。九月本是土黄天，十月要下谷叉雨；土黄下了九天多，谷雨下了七天半。土黄细雨如针尖，谷雨丝丝如麦芒。刺在葫芦藤蔓上，藤子枯了瓜成熟。"葫芦成熟后，扎依和娜依精心呵护，守护了十天十夜，每天每夜都要看三次。

一天，麂子在太阳下山后出来觅食，不知不觉走进了葫芦地。猫头鹰的叫声惊吓到了麂子，生性胆小的麂子惊恐乱跑吓着了野牛和马鹿，受惊吓的野牛和马鹿到处乱窜，鹿角绊着了葫芦枝，野牛踩断了葫芦藤，断了藤的葫芦顺山滚下。

葫芦没有了踪影，厄萨气得直跺脚。问马鹿，马鹿说，是野牛踩断葫芦藤；问野牛，野牛说，是麂子吓着它；问麂子，麂子说，是猫头鹰吓着它；问猫头鹰，猫头鹰不吭声。一之下气，厄萨伸出拳头狠狠打在猫头鹰头上。

厄萨打开房前屋后的金竹门和银竹门，仔细寻找葫芦，未能如愿。于是，便踏上了寻找葫芦的征程。

在漫长而艰辛的征程里，厄萨认认真真寻找线索，不放过任何蛛丝马迹，厄萨先后到了茶树林问老茶树，到了园圃烟草地问烟草，到了桃李林问桃李，到了甘蔗林问甘蔗，到了蓝靛林问蓝靛，到了森林问椿树，问栗树，问松树，问冬瓜树，问黄桑树，问泡竹，问刺竹，问毛竹，问金竹，问樱桃，问橄榄，问鸡嗉子果，问枇杷，问蒿子，问茅草，到了石崖问石头，到了江岸问杨柳，到了芦苇荡问芦苇……他们回答：看到葫芦滚下了山坡，但心有余而力不足，没办法拿住葫芦。听到这样的回答，厄萨总是满心欢喜，并给予了高度称赞。例如：厄萨对老茶树说："走亲送礼你为尊"，对桃李说："桃树开花新年到，拿你李花当年花"（拉祜族现在过年祭拜仍然有桃花和李花），对甘蔗说："有朝人类出世后，拿你甘蔗来祭年"（拉祜族现在过年祭拜时少不了摆放甘蔗），对椿树说："你是林中老树王，有朝人类出世后，拿你当作家私用"，对松树说："一朝人类出世后，拿你松枝作年枝"（拉祜族现在过年祭拜时少不了摆放松枝），对泡竹说："一朝人类出世后，拿你泡竹做芦笙"，对金竹说："一朝人类出世后，拿你当作响篾吹"，对樱桃说："樱桃越开越鲜艳，百鸟枝头唱赞歌"，对橄榄说："身挡葫芦功德高，谁吃橄榄回味多"，对鸡嗉子果说："鸡嗉无花也结果，果子多得像星星"，对枇杷说："枇杷虽然不开花，腰间年年挂满果"，对蒿子说："一朝人类出世后，做成香火拜佛脚"，对杨柳说："只要江水不干涸，福寿好比南山松"，对芦苇说："即便江河发大水，休想挪动你一步。"

在给予关心葫芦、尊崇葫芦、舍身护卫葫芦者美好祝福的同时，厄萨对看见葫芦顺山滚下而漠不关心者给予了严厉地斥责。例如：厄萨问芭蕉，芭蕉不回答，厄萨劈头盖脸骂芭蕉："养儿养女背头上，一生有叶莫有节"；问红毛树（即红木荷），红毛树不回答，厄萨生气地说："你是树中老顽固，只是开花不长蜜"；问楠桦树，楠桦树撒谎说没有见到，厄萨大骂楠桦树，说："一朝人类出世后，拿你楠桦作梨杆[①]"；问黄栗树，黄栗树撒谎说，没有见到，厄萨发狠话："一朝人类出世后，拿你当作锄头把。"

在经历了漫长的岁月后，厄萨见到了酸蜂（属于无刺蜂种，以酿蜜

---

① 澜沧方言，指盖房子用的柱子。

为主，形体只有普通蜜蜂的十分之一大小），酸蜂回答：葫芦就在江中心的旋涡底，因为自己个头不大力气小，没办法捞出葫芦，但自己已经不吃饭不睡觉地守护了七天七夜。听到这样的回答，厄萨十分高兴，当场开口祝福："酸蜂勤劳风尚好，只要江水不干涸，吃不完来穿不完，年年岁岁有余粮。"

历经千辛万苦，厄萨终于寻找到了葫芦的下落。为了打捞身在江底的葫芦，厄萨唤来了飞禽走兽，它们挤满了七座山，挤满了七条箐，它们进入江中，使出浑身解数打捞葫芦，均未果。七天七夜过去了，葫芦依然沉在江底。扎依和娜依砍来毛竹做成竹筏，因水深风浪大，没有办法捞取葫芦。厄萨织了一张大网撒入江中，但也没有捞起葫芦。

厄萨叫来鱼打捞葫芦，但鱼没有脚手，只能用嘴拱，拱秃了嘴，葫芦依然沉在江底。厄萨叫来螃蟹，螃蟹扎进旋涡里，但沉在江底的葫芦又湿又滑，多脚的螃蟹也没有办法捞起葫芦。于是，厄萨给螃蟹的左右手各配了一只大铁钳，螃蟹犹如猛虎添双翼，终于把葫芦拖上了岸，厄萨高兴地说："螃蟹个小功劳大，石头城堡石头瓦，让你永远住个够。"或许是受厄萨的"赏赐"，自此以后，螃蟹一直身背着"瓦片"，一直住在石头底。螃蟹在夹葫芦时，因为没有把握好力度，把葫芦脖子夹细了，因此，葫芦就变了形。

厄萨找回了葫芦，心里十分高兴，于是叫白龙马和大骡子来驮葫芦。为了吊起大葫芦，厄萨又叫来大马鹿，大马鹿用角把葫芦抬到了马鞍上。因为马鹿为葫芦回家立了功，厄萨说："一朝人类出世后，拿你鹿角作良药。"为保证葫芦平安回家，扎依和娜依用九庹多的绳索，仔细捆绑住葫芦。马和骡驮着葫芦走了七天七夜，历经千辛万苦，终于把葫芦背到了家。

厄萨把葫芦摆放在房前屋后的银台和金台上晾晒。半个月后，晒干了的葫芦里面发出了人声："我们关在葫芦里，我们住在葫芦里，我们看不到日月，我们看不到星辰。哪个老表心肠好，帮忙打开葫芦口，一朝种谷得新米，新谷新米他先尝。"

为了打开葫芦，厄萨叫来了飞禽走兽。它们个个自认为有能耐，争先恐后地去开葫芦口。但是，葫芦外壳坚如石，要打开它，不是件容易的事。经过一番尝试后，一个个都垂头丧气地败下阵来。

因为小米雀嘴尖便于"凿"，因为老鼠的牙齿便于"啃"，于是，厄萨叫来了小米雀和老鼠。小米雀做事有恒心，昼夜不歇息地啄了七天七夜，九庹多的喙凿得几乎变得光溜溜；老鼠办事有毅力，昼夜不停地啃了七天七夜，九庹多的牙啃得几乎变得光秃秃。

葫芦口终于被打开了，扎迪和娜迪从葫芦里走出来，扎迪是葫芦的儿子，娜迪是葫芦的女儿，人类的祖先由此诞生。

二 《拉祜民间诗歌集成》①中的记载

据《拉祜民间诗歌集成》中的《牡帕密帕》记载：

厄萨造天造地、造太阳和月亮、划分季节、造江河湖泊、造万物以后，天地间热闹非凡，各种花草树木争奇斗艳，飞禽走兽欢快地歌唱，唯独没有人，唯独听不到人声。于是，厄萨想出了新办法——播种葫芦造人。

厄萨用左手搓搓手汗，变成了取火石，用右手搓搓脚汗变成了铁火镰，用铁火镰撞击取火石飞出了三颗小火星，其中两颗落在了地上，一颗落在了火草里。厄萨抓起一把火草，吹了三下，又对着小火星吹了三口，火就慢慢地燃烧，并点燃了草堆。草堆燃烧了三天三夜，变成了草木灰肥，种植葫芦的地就这样造好了。

厄萨选择了属猪的日子，打开箱子，拿出一颗葫芦种种在了草木灰肥土里。七天七夜过去了，葫芦种子不睁眼，不发芽。他每天都要去看三回，每天都要用金碗和银碗打来河里的清水浇三次水。在厄萨的精心呵护下，葫芦种子睁了眼，发了芽。葫芦种子虽然发了芽，但是没有根，

---

① 澜沧县文化局编：《拉祜民间诗歌集成》，云南民族出版社1989年7月第1版。后同。

没有叶，厄萨便用金子做葫芦的根，用银子做葫芦的叶。葫芦有了根，长出了犹如簸箕般大的叶子，长出了犹如手臂般粗的藤。葫芦有了根，长出了叶，长出了藤，却不会分权，厄萨用金棍敲打了四下，葫芦藤子分出了四权，葫芦茂密的叶子和长藤爬满了山梁。葫芦开花了，开出的白花似银子，葫芦结果了，金色的葫芦似金子。七个月过去了，葫芦渐渐长大……进入冬月，葫芦的叶子干了，葫芦藤子干了，葫芦成熟了，成熟的葫芦挂在藤上。

厄萨的房屋后有一棵果树，葫芦藤子爬上了树，果树木上结满了熟透的果实。猴子爬满了果树，摘果子；百鸟歇在树枝上吃果子；飞禽走兽都来到树下吃果子。

一个果子落了下来，麂子慌忙跑去抢果子，刚好一截树枝掉下来，打在麂子的脊背上，麂子受到惊吓后四处乱跑，惊到了马鹿，马鹿受惊吓后乱跑，又惊到了野牛，野牛在惊慌中踩断了葫芦藤。葫芦藤被踩断，葫芦落到了地上，落到地上的葫芦顺着山坡往下滚去……

厄萨踏上了寻找葫芦的征程……

厄萨寻到葫芦后，叫来了骡马驮葫芦，骡马驮了七天七夜，终于把葫芦驮回了家。

葫芦被驮回家后，厄萨在房屋前做了一个晒台把葫芦放在晒台上晒，两个月后，葫芦干了，葫芦里面传出了人声："我们住在葫芦里，从来不得见太阳，我们生在葫芦里，从来不得见月亮，哪个心肠好，帮我们把葫芦打开，新谷新米让他先尝，新水新酒让他先喝。"

一只小米雀飞来了，它的嘴有九丈长，一心想打开葫芦房救出里面的人，它昼夜不停地啄，整整啄了三天三夜，把嘴壳都啄秃了，却没有打开葫芦房子；老鼠跑来了，它也想打开葫芦房救出里面的人，整整咬了三天三夜，葫芦房子终于被打开了。

葫芦被打开后，里面传出了"哈哈哈"的笑声，一男一女从葫芦里走出来，男的叫扎迪，女的叫娜迪。扎迪是葫芦的儿子，娜迪是葫芦的女儿。

三　其他著作中的叙述

（一）《从葫芦里出来的民族——拉祜族》①中葫芦的传说叙述如下：

有了天和地，可是大地上什么也没有。厄莎想要山绿起来，就叫布谷鸟去撒树种，叫燕子去撒草种。树种草种撒遍了，树苗草苗发芽生长了，一眼望去，到处是绿油油的一片。到了冬季，各种各样的树木落叶了，到春季又发出了新芽，年年如此。所落的树叶，日积月去都变成了优质肥料。厄莎看到有这么好的叶肥后，想了又想，这铺满叶肥的地面上种什么才好呢？厄莎想后觉得种葫芦好。

厄莎搓手汗脚汗做了铁火镰，碰在自己头上，飞出了小火星，燃烧了葫芦地。三天三夜火不熄灭，枯叶枯草烧成了草木灰。草木灰有脚节深，厄莎教小雀小鸟把草木灰挖成四堆，准备种葫芦和其他作物。

葫芦地挖好了，但是还没有葫芦籽。厄莎想了又想，终于想出了办法，用自己的手指脚指甲造出葫芦、南瓜、黄瓜、西瓜四种种子。四种种子和四堆草木灰代表四方天地的交汇，也象征人们一年四季有好收成。

厄莎为培育"朋美乃迪""湃美雅迪"（即扎迪娜迪）而种植葫芦，从头到尾想，前想后想，想了33次后，在他的五个手指间出来一个人，对厄莎说："我要做你的独儿子，把葫芦种子给我，我为你种好。"厄莎的五个脚趾间又出来一个人，也对厄莎说："我也做你的独女儿，把葫芦种子给我，我为你种好。"这就是拉祜族传说中的"厄雅雅卜迪"和"莎雅雅咪迪"（厄莎的独儿独女）的来源。厄莎把葫芦籽种拿给他俩，并要

① 石春云主编：《从葫芦里走出来的民族——拉祜族》，云南民族出版社2009年3月第1版。本文中的"厄莎"即"厄萨"，汉字音译略有差。另有当地语言借音字的，此处皆保留。

他们种下，种好。

春季到了，百花齐放，百鸟争鸣，下种的季节到了。雅卜雅咪迪（指"厄雅雅卜迪"和"莎雅雅咪迪"）按照厄莎的旨意，把葫芦籽种下了。种好以后，飞来一对一公一母的白莺，把种下的葫芦籽搬了出来。雅卜雅咪迪对厄莎说："已种的葫芦籽被白莺搬出来了。"厄莎说："把搬出来的葫芦籽种再种下去。"雅卜雅咪迪就按照厄莎的吩咐，再次把白莺搬出来的葫芦籽种了下去。但是由于干旱无水，种子种下三年都不出苗。他俩就对厄莎说："葫芦已经种下三年了，但不见出苗。"厄莎说："你俩把葫芦籽掏出来，种在我早晚倒洗脸洗脚水的草木堆上。"

雅卜雅咪迪按照厄莎说的地点种下了。葫芦种下以后，厄莎叫雅卜雅咪迪给葫芦籽浇水。于是他俩用厄莎做的金碗和银碗打水浇在种葫芦籽的地方，每天浇三次。他俩天天去看，看了12次，但葫芦还不出苗。雅卜雅咪迪去告诉厄莎："厄莎阿爸，我们已经看了12次，但葫芦种子还没有睁开眼，怎么办呢？"厄莎搓了手脚汗垢，做了两根金棍、银棍给雅卜雅咪迪，并叫他俩用金棍、银棍去戳种葫芦的草木灰堆。当晚他俩即按厄莎的旨意去戳，第二天早上去看时葫芦籽终于睁开了眼，隔一天后再去看，已经长出了两片嫩叶。厄莎看到葫芦出苗，高兴极了。各种各样的飞禽走兽都不约而同地聚拢来，汇集在葫芦苗的周围，99种鸟儿叫喳喳，布谷鸟儿跳来跳去地喊叫。这时候厄莎让各种飞禽走兽猜猜这是什么东西，可是谁都猜不出来。厄莎说："这是繁衍人类的葫芦苗。"葫芦籽发出的嫩叶又嫩又宽，飞禽走兽谁都不敢动它。厄莎说："有了苗，就会长大，长大了就会伸藤开花，花开了就会结果，人类就有希望了。"

时隔数日，葫芦还不见伸藤。厄莎想了又想，想出了办法，用汗垢做成金条、银条挂在葫芦棚架上，这样葫芦便伸藤了。

但葫芦还是不会长大，也不长叶。厄莎又把李子树栽在葫芦棚旁边（至今，拉祜族李子开花季节就过年，把李花当作过年花）。这样，葫芦伸藤了，叶子也慢慢长齐了。但是藤子伸不长，叶子长不宽。厄莎又想出了新办法，用自己身上的汗垢做了金簪和银簪给女儿，叫她去挂在葫芦棚上。几天后葫芦长得很茂盛，叶子宽得一叶遮半天，一叶遮半地，藤子伸出了33丈，但还不见开花结果。雅卜雅咪迪又去告诉厄莎说："这葫芦很难培植，藤子伸得很长，但不见开花结果。"厄莎说我给你们金花银花，拿去把它放在葫芦棚里。雅卜雅咪迪照着厄莎说的做了，一会儿金花银花发出了闪亮的光，照亮了夜晚。

葫芦藤伸长了，藤子爬满了三山三箐。葫芦花开了，开得很鲜艳。99种蜜蜂从四面八方涌来，聚集嬉闹。可是没有一种鸟儿来吸花，没有各种蜜蜂来吸花，只有大黑土蜂来吸花。厄莎用棍子拷打它，结果大黑土蜂的腰被拷打断了。过了三天三夜，大黑土蜂还活着。厄莎看它可怜，就用线把它连起来（现在蜂类的腰就成了细腰）。几个月后，藤子上结出了一个葫芦果。厄莎的女儿每天去摸一次葫芦，直到葫芦成熟时，共摸了33次。

葫芦果成熟了，藤子和叶子都干枯了。可是过了三年葫芦还不会掉落，厄莎的独儿独女雅卜雅咪迪天天去看守着。

后来，麂子不慎把葫芦藤踩断了。厄萨（莎）踏上了寻找葫芦的征程，历经千辛万苦，终于寻到了葫芦的下落。

厄莎对鱼说："你在水里，把葫芦背出来。"鱼按照厄莎的安排，游到水底，一心想把葫芦背出来。它翻了翻葫芦，可翻不动，想背，可背不起来。它对厄莎说："我翻葫芦果出了大力，连眼睛都冒出来了，身子都背疼了，可背不起来。"

厄萨对螃蟹说："你去把葫芦背出来。"螃蟹按照厄莎的安排，钻进水底，用力把葫芦果背到"糯谢糯路儿崩"边，然后对厄莎说："厄莎，我把葫芦果背到'糯谢糯路儿崩'边了。"

葫芦背出来了，厄莎想，谁能把葫芦果背到我门口呢？就在这时，乌龟来到厄莎身旁，对厄莎说："葫芦果我能背。"说完，把葫芦背到了厄莎的门口（后来，拉祜族就有用乌龟壳打米吃的习惯，据说用乌龟壳打米吃，米不浪费）。

乌龟把葫芦背到厄莎的门口，厄莎高兴极了，就做了晒台晒葫芦。葫芦晒干后，厄莎约集99种动物聚集在葫芦果周围。厄莎对它们说："葫芦背上来了，里面有两个人。我们把葫芦打开，让这两个人走出来，看谁先出来。"各种动物听了相互对望，默不作声，谁也没有把握能打开葫芦。厄莎说："马鹿，你的角又粗又长，先由你来。"马鹿用力挑葫芦，挑来挑去，两只角都挑成好几叉了都没有挑通。马鹿对厄莎说："厄莎，我真的用力了，我的角都挑成好几叉了都没有挑通。"厄莎又叫两种小米雀（拉祜语称"扎朴尼扎必乃"）去啄葫芦。这两种小鸟就相约啄了起来，可它们啄来啄去，把嘴都啄短啄秃了（传说小米雀的嘴本来是长的，为了啄通葫芦成了短秃秃的），还是没有啄通。它们对厄莎说："厄莎，我们又尖又长的嘴都只有这么一点长了，可是葫芦果还没有啄通呀。"厄莎又叫老鼠去咬。老鼠咬啊咬，眼看就要咬通了。就在这时，有几种鸟怕扎迪、娜迪出来，它们边看老鼠咬葫芦，边做扣子，放在葫芦旁边，等葫芦里的人出来就给扣住。老鼠咬上咬下，终于把葫芦咬通了。下扣的几种鸟看到葫芦里的人出来，就飞起来，结果却扣在自己下的扣子上了。现在的小米雀，人种出的谷子还在田里没有成熟它就先吃，是因为人在葫芦里的时候是小米雀先啄的，人类种出来的粮食理应让小米雀先吃；老鼠专门吃装在家里的粮食，是因为老鼠把葫芦啄通人才出来的，功劳比谁都大，理应闲在家里吃人类的粮食。

人终于从葫芦里出来了，是一男一女。厄莎高兴极了，就对他俩说："你们俩是拉祜族的祖先。"并给男的取名叫扎迪，女的叫娜迪。

（二）《风情拉祜》①中叙述了两个葫芦的传说。

第一个传说：

厄萨造了天地、日月、星辰、风雨、白天、黑夜、动物、植物。但是，这时还没有人类，厄萨还是感到孤单寂寞。为了排遣寂寞，厄萨从笼子里拿出一粒神奇的葫芦种子，并把这颗葫芦种子种在烧过草木的灰堆上。葫芦种子过了七轮都没有发芽，厄萨来看三回，每回滴下三滴汗水浇灌，终于使葫芦发了芽。厄萨用金子做葫芦的根，葫芦便长出了长藤和绿叶，葫芦的长藤爬满了山梁和山箐，绿叶间开出一朵美丽的白色花朵，结出一个厄萨用银子做的葫芦果。七个月后，葫芦的叶落了，葫芦的藤干了，葫芦成熟了。

一天，猫头鹰在树上吃果子，落下的果子打在了睡在树下的麂子，把麂子的腰打弯了。麂子天生胆小，惊得四处跑，惊动了野牛和马鹿，野牛和马鹿不知道发生了什么事跟着麂子跑，结果把葫芦藤撞断了，落下的葫芦滚下山坡不见了。

此后，厄萨踏上了寻找葫芦的征程。

厄萨找回葫芦后，听到葫芦里传来了人声："我们住在葫芦房，从来没有见过太阳，哪个哥哥心肠好，把我们接出房，长出谷米请他尝。"于是，厄萨派了小米雀和老鼠去打开葫芦。

葫芦打开了，从葫芦里出来了一对男女，男的叫扎迪，女

---

① 郎志刚：《风情拉祜》，云南民族出版社 2013 年 7 月第 1 版。

的叫娜迪，人类的祖先扎迪娜迪诞生了。

《风情拉祜》中的第二个传说：

> 据澜沧竹塘乡拉祜族民间口头文学《人类起源》传说，远古的时候没有人类，只有扎保和娜保夫妻俩，他们生下了扎迪和娜迪兄妹。为了传起人种，扎保和娜保就要扎迪和娜迪兄妹结婚。开初，兄妹俩很害羞，不愿结成夫妻，但经过扎保和娜保的劝说只得应允。兄妹结婚三年后生下一个圆圆的东西，扎迪感到非常害怕，就瞒着妻子娜迪把那个东西丢到了山崖下，神奇的是，那个东西在山崖下落地后，遇到潮湿肥沃的土地，竟奇迹般地发出了嫩芽。很快，嫩芽的根深深地扎进了土壤里，长出的藤子开始爬向山崖。那藤子，长得有一百俳①长，每俳生一个节，每个节结一个葫芦。再后来，一百个葫芦成熟了，从里面出来一百个人，发展成今天的各个民族。

第二节　佤族关于葫芦的传说

佤族先民最早聚集在澜沧江西岸的今云南省临沧市一带，现今在我国主要分布在云南省临沧市、普洱市南部。佤族的语言属南亚语系孟高棉语族佤德昂语支。历史上，佤族无文字，20 世纪初，西方传教士曾创制过用拉丁字母拼写的文字，但未能推广。中华人民共和国成立以后，创制了新的佤族拼音文字。

---

① 在澜沧当地语言里表示长度单位，俳即双臂伸直的长度。

一 《司岗里的传说》壁画和《佤族民歌》中的记载

澜沧县文东乡多依树村平掌自然寨文化活动室壁画《司岗里的传说》开篇画面中依次出现的是洪水、"司念然"（佤文 si ngian rang 的音译，意为岩葫芦）和"司岗里"（佤文 si magang lih 的音译，意为石洞）以及山崖和葫芦（见壁画《司岗里的传说》图）。

当地佤文化研究者魏文昌（男，佤族，澜沧县文东乡多依树村平掌自然寨人）解释："在佤族流传的许多神话传说和民歌中，关于人类的出世，不仅仅是讲'司岗里'，而且还提到了'司念然'。根据多年的研究，壁画《司岗里的传说》开篇描绘的是漂移的葫芦在洪水过后搁浅在了山崖，之后便有了人类的场景。在这幅壁画中，之所以'司念然'先于'司岗里'，就是要告诉人们：在佤族中流传的许多神话传说和民歌都有这样一个主题：人类诞生于葫芦，从石洞里出来，葫芦是人类的母体。"

为了佐证这一观点，魏文昌翻译并解释了《LOUX DOM GEEING BIANG DAI MGRIEX NQOM GRAI MIEX BIANG DAI HNGOUI》[①]

壁画《司岗里的传说》（局部）

---

① 此为陈云光收集，陈学明整理的佤文版《佤族民歌》，云南民族出版社，1987年8月。

（佤文，大意为：爸爸留在花朵上的诗，妈妈留在花朵上的歌）中有关章节《NQOM GAB GAOH KAING SI NGIAN RANG》（佤文，大意为：从葫芦里出来的歌），该节的佤文直译大意是：

佤文版《佤族民歌》封面书影

当我们从葫芦里出来的时候，当我们从山洞里出来的时候，脚穿草鞋，身披草裙。我们从葫芦里出来的时候，以为来到了好地方，其实好地方还很多；我们从山洞里出来的时候，虽然来到了地方，却不够我们耕种。因为战争，我们四处迁徙避难。植物生长，我们的血脉紧相连；榕树生长，我们仍是一家人，这个家是从葫芦里走出来的。当我们烧火塘的时候，小米雀把葫芦头啄开，当我们烧松树叶的时候，老鹰啄出了石洞。我们都是一束芭蕉心，都是从葫芦里走出来；我们都是从葫芦岩里出来，都是同样的人类，都是从司岗里出来。我们是一坛水酒，不管是汉族、傣族、佤族，我们还是一家人，从未分开。燕子从来不会在两个地方做窝，如果有，燕子就不会下蛋；葫芦没有两个，我们从同一个葫芦里出来。

二 《葫芦的传说》①中的记载

佤族关于人从葫芦里出来的最美丽动人的传说应首推《葫芦的传说》。

---

① 刘允提、陈学明整理：《葫芦的传说》（佤族民间神话史诗），云南民族出版社 1980年 1 月第 1 版。

（一）《葫芦的传说·序歌》这样记载道：

我们的树叶，

我们的达杜，

我们的树尖，

我们的祖先。

他们种的榕树，

在山顶上长大；

他们传下的故事，

在我们心中开花。

……

喝着最烈的水酒，

熬着最苦的浓茶，

吸着最呛的烟草，

谈起葫芦的传说。

……

我们的长刀，

我们的达杜，

我们的刀鞘，

我们的祖先。

他们留下的话多美，

美得像孔雀的尾巴；

他们留下的话多好，

好得像含露的鲜花。

他们说过小米秆，

笔直的秆秆不分叉；

他们说过人来自西岗，
葫芦是人类的家。

……

我们的刀背，
我们的达杜，
我们的刀把，
我们的祖先。

如果不是崖上的紫藤，
开不出美丽的兰花；
如果不是葫芦的故事，
说不出动人的佳话。

……

像画眉声一样动听的，
是葫芦的传说；
像清泉水一样透彻的，
是西岗的神话。

（二）《葫芦的传说·天边飘来一只小船》部分记述说：

在很远很远的年代，只有海水冲洗着星星，只有浪花击打着蓝天。从遥远的天边，飘来了一只小船，船上有个葫芦，葫芦金光闪闪；船上有头黄牛，黄牛宛如风帆。小船儿在无边无际的大海上飘了千万年，始终找不到海岸。黄牛渴了，只能喝湛蓝的海水；黄牛饿了，只能舔舔葫芦：

舔啊舔，
葫芦更明亮；
舔啊舔，
金光映海面。

> 当葫芦被舔开的时候，
>
> 星星们开始眨眼，
>
> 葫芦将落下大海，
>
> 海水中露出地面。

葫芦的籽种被撒向了大地，撒在了高山。当竹笋破土的时候，葫芦苗也钻出了地面。钻出地面的葫芦绿苗像翡翠似的美丽，葫芦苗长了九年。葫芦苗长叶了，葫芦藤也爬满了山，铺天盖地的葫芦叶长了九年。

百鸟百兽在探寻着，它们沿着蛛网般的藤蔓，寻找葫芦。它们整整找了九年，找遍了座座高山。

孔雀顺着葫芦藤，不畏头被撞小，真心实意地在座座高山上寻找葫芦。终于在高山顶上找到了巨大的金色葫芦。它走遍深箐，飞遍高山，唤来了百鸟百兽。它们围着葫芦飞，绕着葫芦转，为葫芦唱歌，伸出舌头舔葫芦，对金灿灿的葫芦充满了种种疑惑……

（三）《葫芦的传说·葫芦啊人类的家》部分记述说：

孔雀找到葫芦后，马鹿、猫头鹰、螃蟹、画眉、云雀、狗熊、老鼠、斑鸠、燕子、青蛙、鳞蛇等百鸟百兽都来啄葫芦，抓葫芦。但是，葫芦像山岩一样坚硬，谁都啄不开，抓不破。勤劳、机灵的小米雀绕着葫芦找到眼后，用了整整九年的时间才啄开了葫芦。葫芦开了口以后，百鸟飞来看，看见是人类在里面；而百兽爬不上葫芦，什么也看不见。一直守在葫芦旁边的花豹看到人从葫芦出来，便扑上去，小米雀急忙啄花豹的双眼，花脸狗紧紧咬住了花豹的尾巴，花豹痛得直打转转：

> 人从葫芦里出来，
>
> 把花豹撵进深山；
>
> 人从葫芦里出来，
>
> 站满了西岗山。

人类钻出葫芦，

百鸟是人类的朋友；

人类踏上大地，

百兽是人类的伙伴。

第三节　哈尼族关于葫芦的传说

哈尼族源于古羌人。哈尼族语言属汉藏语系藏缅语族彝语支。中华人民共和国成立前，哈尼族没有自己的文字，1957 年以拉丁字母为基础，创立了一套哈尼族文字方案（试行），1981 年进行了修改、补充和调整。

澜沧县哈尼族自称阿卡、雅尼或爱尼，长期生活在广袤的山区和半山区，世世代代都以山地农耕稻作为生活的基本，具有极其丰富的口传文化和与山地农耕活动相适应的物候历法。

澜沧县哈尼文化研究者赵余聪书面叙述了哈尼族关于葫芦的传说。

第一个传说：

在混沌初开、乾坤始奠时，天地间空空荡荡，后来诞生了一男一女的天神阿培迷耶①。那时大地一片死寂，岩石茫茫，阿培迷耶出没于天上云间，行走在岩山峭壁之巅呼来唤去。说：我俩诞生了三天三夜，三月三年也听不到任何声音，看不见任何身影。看看高山，再听听大地，死气沉沉一片空寂。他俩就这样东奔西走地呼喊，七天过去了，七七四十九天又过去了，他俩一再呼喊。

就在这时，一场巨大的火山爆发开始了，大地摇晃、抖动，

---

① 哈尼族信仰中无所不能的天神。

一时间，大地烫如火炉，接着，天崩地裂，巨石翻滚，火焰冲天。不知过了多久，火慢慢熄灭。此时，高大的石山变成了平地，而且铺成了一层厚厚的黑土。一天，天下起了一场瓢泼大雨，浇湿了火山灰，滋润了大地，在那厚厚的灰层中长出了一株葫芦。

两个天神阿培迷耶看着这株葫芦老实高兴了，他俩想，从此大地有了一线生机，于是他俩细心地照顾起来。在天神阿培迷耶无微不至地照料下，这株葫芦慢慢长出了十二枝藤条，每枝藤条上又发出十二枝杈枝，每杈结出了十七个幼葫芦，可这藤条长得非常凌乱，那女天神阿培迷耶越看越不舒服，就用手理顺凌乱的藤条，又用手天天抚摸可爱幼嫩的葫芦。可她哪里知道，这嫩生生的葫芦在她的牵拉和护摸中伤了根气，一个个的小葫芦烂掉了。她弄不清这是怎么回事，就抬头问远远站在天上的男天神阿培迷耶，他对她说，你不要去牵动葫芦的藤条，不要触摸幼嫩的葫芦，也不要用手指着葫芦数，如果你要数葫芦的话只能眼睛看着葫芦在心底默数。庆幸的是还剩下了三个没有腐烂的葫芦。

从那以后，女天神阿培迷耶只是远远地观望葫芦，再也不去牵扯葫芦的藤蔓，也不去用手抚摸幼嫩的葫芦了。望着它们一天天长大。长着，长着，有一天其中的有两个葫芦突然变成了一男一女的两个人，男的叫蛮展（manr dzanr），女的叫蛮嘴（manr dzoeq）。传说这蛮展蛮嘴就是哈尼族的祖先，而另外一个葫芦变了擎天大树，支撑天，使天地得以长久平衡。

第二个传说：

很古很古的时候，神经常在一个大岔路边经过，岔路边生长着一株长得旺盛的葫芦，藤子上还结出一个大葫芦。一天，神从这里经过的时候，在结着葫芦的地方听到有人说话的声音，神随声看去，除了看见一个大葫芦之外，什么都没有看见。第二天神又从这里路过，仍然还听到那说话的声音，神就详细寻找声音的来处，这才知道说话的声音是从葫芦里面出来的。到第三天神又从这里路过时那葫芦不见了。原来葫芦藤被马鹿踩断后葫芦滚到大水塘里面去了，神就叫来大鹰把葫芦从水塘里面叼了出来，然后，叫小米雀把葫芦啄开，看看里面有什么东西，小米雀的嘴都啄秃了，但还是没有把葫芦啄开。后来，神又叫来老鼠，告诉老鼠说，如果把葫芦咬开的话，葫芦里面的东西全部让你吃，这样，老鼠把葫芦咬通了一个洞口，这时，从葫芦里面出来一个男孩和一个女孩。从此以后，人们才得以生息和繁衍。传说，人的鼻梁骨上的凹痕就是老鼠用牙齿咬开葫芦时咬到的。

第三个传说：

远古的时候，天上下起瓢泼大雨，下得天昏地暗，雷鸣电闪，天地间成了火海，地动山摇，山洪暴发，汹涌的巨流铺天盖地而来，整个大地被淹成了一片汪洋大海，天地难分，世间所有的人都被淹死了，唯有两兄妹躲在一个大葫芦里漂在洪水上活了下来，葫芦不知漂了多少年多少月多少日。当洪水退下去的时候，葫芦落在了一座孤岛上，兄妹俩从葫芦里出来，在孤岛上顽强地生活，哥哥无人可娶，妹妹无人可嫁，兄妹俩说："啊！如果这样下去的话，人类可要绝种了！"哥哥对妹妹说："羞也羞不了那么多了，我们还是得承担起人类传种的责任。"这样，兄妹俩拿来一对石磨（有的人讲一对簸箕）从山头往山下滚，测测兄妹俩是否有做夫妻的道理。滚到山下的石磨合在了一起，于是，兄妹俩做了夫妻。后来，他们生了七子七女，七子七女又成夫妻。这样，人种才得以代代相传。

第四节　傣族等其他少数民族关于葫芦的传说

一　傣族关于葫芦的传说

傣族源于澜沧江和怒江中上游地区，属古哀牢后裔，语言属东亚（汉藏）语系，有本民族自己的文字（分为傣仂文、傣哪文、傣绷文和傣端文等四种）。

第一个传说：

> 远古时期，洪水泛滥，从河上漂来一个葫芦，里面走出八个男子，有位仙女又让其中四位男子变成女人，互相结婚，生育后代。神仙还拿出一个盛着一万种物种的宝葫芦，把葫芦里的种子撒向大地，于是大地上有了万物。[1]

第二个传说由刀应和（男，傣族，澜沧县上允镇人，上允镇上允村老街组后塍佛寺傣文化老师）根据手抄傣文故事《葫芦发金芽》讲述：

> 从前有夫妻俩，生活拮据，经常揭不开锅，一天丈夫出去耕地劳作，嘱咐妻子送饭时把家里仅剩的谷种拿去栽种。妻子在家做好饭菜准备送去给丈夫时，家里来了一位和尚来化斋，妻子没有别的食物，就只好把家里仅剩的谷种施与了和尚。妻子找到丈夫说明情况，丈夫没有责怪妻子，说道："罢了，可能是我们前世没有积德，今世要我们行善于和尚。"没有办法，没了谷种，夫妻俩只能把葫芦种子栽种在土地里，过了一段时间，葫芦芽从土里钻出来了，夫妻俩一看，葫芦发金芽了，两个月后，葫芦越长越大，不止发金芽，连叶子、结的果都是金的，

---

[1] 据澜沧县《拉祜族大辞典》编纂办公室和民宗局民族研究所"葫芦文化特色调研组"2015年1月20日《关于发展葫芦文化特色产业调研的报告》。

夫妻俩只是一介平民百姓，惶恐不已，不敢将葫芦据为己有。就带了进宫去见皇上，道明原委，皇上请寺庙里的和尚帮其解惑，和尚说是因为夫妻俩赎佛，做了好事，所以有好的回报，后来夫妻俩把葫芦种子、葫芦藤全部挖来献给皇上，并放在皇宫里栽种。皇上看夫妻俩忠厚老实，对他又忠心耿耿，封与"忠诚子民"的荣誉称号，并把夫妻俩接到皇宫来居住。后来皇上驾崩，留下遗嘱要夫妻俩继承皇位。

二 彝族和布朗族关于葫芦的传说

澜沧县的彝族主要聚居在谦六乡和糯扎渡镇。彝族有关于葫芦的传说如下：

> 天神要换人种，变熊考验人类。由于最小的一对兄妹心地善良，于是得到了天神所赐的葫芦种。他们种出了大葫芦，并住在葫芦里，后来兄妹成亲传人种。①

布朗族先民最早居住在澜沧江两岸的保山、大理、临沧和普洱一带，语言属南亚语系孟高棉语族佤德昂语支，无本民族文字，多信奉南传上座部佛教。澜沧县的布朗族主要聚集在惠民镇芒景村，以普洱景迈山古茶林的古茶销售为经济来源，传统制茶工艺已有一千多年的历史。布朗族关于葫芦的传说与佤族《葫芦的传说》相一致。②

---

① ② 均据澜沧县《拉祜族大辞典》编纂办公室和民宗局民族研究所"葫芦文化特色产业调研组"2015 年 11 月 2 日《关于发展葫芦文化特色产业调研的报告》。

第三章

葫芦在传统文化中的应用

澜沧县的葫芦文化多姿多彩,各民族有许多世代相传的关于葫芦的传说,葫芦在民族民间传统文化中也有着广泛的应用。

第一节　葫芦在拉祜族民间传统文化中的应用

葫芦在拉祜族民间传统文化中的应用,体现在民间传统舞蹈、民间传统礼仪和传统民俗中。其中,拉祜族芦笙是葫芦应用在拉祜族文化中的重要代表。

一　葫芦在民间传统舞蹈中的应用

（一）拉祜族芦笙

1.拉祜族芦笙简介

在拉祜语中,芦笙称为"瑙"（拉祜文 nawf 的音译）。

拉祜族芦笙是以葫芦为主体的拉祜族世代流传的最古老的民间传统

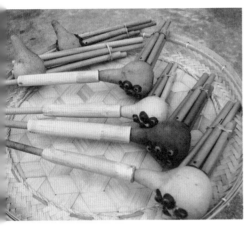

拉祜族芦笙

拉祜族芦笙演奏

簧管乐器。它既是拉祜族男子自娱自乐或抒发内心情感的重要工具，也是拉祜族民间传统舞蹈"拉祜族芦笙舞"必不可少的唯一的伴奏乐器。

拉祜族芦笙由以葫芦为主体的共鸣箱和以竹制作的笙管、簧片、连接管以及吹管等五个部分组成。其中，笙管共有五根，两端开口，穿过葫芦腹部。五根笙管长短不一（自最长一根管到最短一根管，依次称为第一管至第五管），均有音孔，插入葫芦腹内的一端镶嵌着簧片，除最长的一根以外，其余四根在制作调试时，根据需要，分别在未插入葫芦腹内一端的不同位置上开有调音口。

演奏时，双手持芦笙，手指按音孔（左手拇指、食指分别按第二管和第一管音孔，无名指按第三和第四管音孔，右手食指按第五管音孔，拇指兼按笙管底端各孔），口含吹管，吹和吸都可以发音。

拉祜族芦笙的每根笙管，可因手指按笙管上的音孔和笙管底端孔而发出高低不同的两个音，音程为小二度、大二度或小三度，因此，拉祜族芦笙可发出十个音。用手指按住笙管上的音孔，可以发出基本音——音程中的高音；用手指按住笙管底端孔，可发出变化音——音程中的低音。按住笙管音孔，主要吹奏旋律，和音或和弦，按笙管底端孔并轻轻抹动，可以吹奏出轻微而圆润的装饰性滑音。

拉祜族芦笙可以演奏不同情绪的曲调，可以独奏，也可以合奏，在

"拉祜族芦笙舞"中，它具有不可替代的作用。

2. 拉祜族芦笙的传说

典籍中有许多关于芦笙的记载："我有嘉宾，鼓瑟吹笙。吹笙鼓簧，承筐是将"（《诗经·小雅·鹿鸣》），"笙者，女娲造也。仙人王子晋于缑氏山月下吹之，象凤翼，亦名参差"（《乐府杂录》），"少年子弟暮夜游行闾巷，吹葫芦笙或吹树叶，声韵之中，皆寄情言，用相呼召"（《蛮书》），"胡卢笙，攒竹于瓢，吹之呜呜然"（《岭外代答》）。从这些记载中不难看出，芦笙有着悠久的历史。

拉祜族芦笙究竟源于何时，因无文字记载，已无从考证。但是，关于拉祜族芦笙的由来有着许多美丽的传说。

（1）芦笙为扎迪成人礼物和爱情信使说

芦笙是厄萨送给扎迪的成人礼物和扎迪的爱情信使说，是拉祜族各种传说中关于芦笙的最早记载。

据《牡帕密帕》记载：在厄萨的精心呵护下，从葫芦里出来的扎迪和娜迪逐渐长大。扎迪和娜迪长大后，厄萨做了一个芦笙和响篾，分别送给扎迪和娜迪作为成年礼物。扎迪吹响芦笙，好像千万只知了在唱歌，十分动听；娜迪弹起响篾，好像手摇金铃铛，十分悦耳。

厄萨开导扎迪和娜迪"男大当婚，女大当嫁"，有意促成扎迪和娜迪成婚。但扎迪娜迪认为："一起生来一起长，兄妹不能做一家。我们不能谈恋爱，我们不能对情歌。树要皮子人要脸，伦理道德不能违。"厄萨费尽心思诱导扎迪娜迪成婚育人，并用尽了各种办法终于迫使扎迪娜迪产生了恋情。

扎迪娜迪产生恋情后，厄萨做了一个金芦笙和一个银哩嘎嘟，分别送给扎迪和娜迪，"扎迪一吹葫芦笙，好比蜜蜂绕耳边"，"娜迪一吹哩嘎嘟，好似知了在唱歌"。从此，扎迪吹着金芦笙不断地向娜迪传递着心仪之情和爱慕的誓言。

原文如下：

　　扎迪变成小伙子，
　　娜迪长成大姑娘，
　　厄雅看在眼睛里，
　　萨雅喜上心窝窝。

　　扎迪长得多英俊，
　　好像日中楠布花；
　　娜迪长得多美丽，
　　好似月里椤菠花。

　　扎依开导扎迪说，
　　男子长大要当婚；
　　娜依说教娜迪说，
　　女孩长大要当嫁。

　　扎依做只葫芦笙，
　　送作扎迪成年礼；
　　娜依做对金响篾，
　　送作娜迪成年礼。

　　扎迪一吹葫芦笙，
　　好似知了在唱歌；
　　娜迪一弹金响篾，
　　好像手摇金铃铛。

　　……

扎迪想娜迪，
一日想三次；
娜迪念扎迪，
一夜念三回。

扎迪想娜迪，
回到家里来；
娜迪念扎迪，
跑回家中来。

厄雅制把金芦笙，
交到扎迪的手里；
萨雅制根银哩嘟，
交到娜迪的手里。

扎迪一吹葫芦笙，
好比蜜蜂绕耳边；
娜迪一吹哩嘎嘟，
好似知了在唱歌。

《拉祜民间诗歌集成·牡帕密帕》的相关记载如下：
扎迪长大了，
娜迪长高了。
扎迪长得像月亮，
娜迪长得像太阳。

金竹做响篾，
拿给娜迪弹奏。

响篾声音似流水，

响篾声音如蝉鸣。

泡竹葫芦做芦笙，

拿给扎迪吹奏。

九座山上芦笙狂，

九条箐里芦笙欢。

扎迪长成小伙子，

娜迪长成小姑娘。

厄萨叫他俩结婚，

扎迪娜迪不答应。

我们都从一处来，

兄妹不能做夫妻。

（2）芦笙为敬仰厄萨说

厄萨创造天地万物，教会了人们生产生活的技能。拉祜人为感谢他，在庄稼成熟时派兄弟五人去请厄萨来尝新。五兄弟历尽艰辛来到厄萨的住处，却无法叫醒厄萨，于是便吹响手中的竹棍，竹棍发出优美的声音把厄萨唤醒了，厄萨来到拉祜族中欢度尝新节。后来，拉祜族根据祖先源于葫芦的传说，在葫芦上插上五根竹管制成芦笙，每逢尝新节和春节，都要吹起芦笙跳起舞，以表达对厄萨的敬仰和对来年幸福生活的祈盼。[①]

（3）"五子归"说

"五子归"是关于拉祜族芦笙由来的最普遍的传说。"五子归"说有多种版本，这些版本虽然或起因叙述不同，或故事情节有异，但都有一个共同点，即芦笙的五只笙管代表着"五兄弟"，五只笙管长短不一，

---

① 据澜沧县文化馆《普洱市澜沧拉祜族自治县特色文化资源——拉祜族〈芦笙舞普查报告〉》。

依次代表着五兄弟中的老大至老五；笙管插在葫芦上，寓意只有家庭团结和睦，才会有美好的幸福生活。

第一种版本：

在很久很久以前，有一对夫妇生养了五个儿子。随着五个儿子逐渐长大成人，成家立业和家庭财产分配，特别是爱情问题等矛盾越来越激烈。于是，五个儿子纷纷离家出走，数年未归。这对夫妇思子心切，盼了三年又三年，找了三年又三年，翻过了九座山，穿越了九条箐，始终没有找到五个儿子。

在某一年临近过年之际，老父亲用一个葫芦和长短不一的五截泡竹制作了一个芦笙。葫芦象征父母，长短不一的五截泡竹依次代表着老大到老五五个儿子。老父亲吹响了芦笙，芦笙悠扬的旋律传向了四面八方，回响在山山岭岭。各在天涯的五个儿子听到了芦笙的响声，心灵有所触动，纷纷赶回了家，和父母团聚在了一起。

这是在民间流传最为广泛的一个版本。

第二种版本据郎志刚《拉祜风情》记载：

在远古的时候，有一对年轻的夫妇生下了五个儿子。夫妇俩辛勤劳作，抚养着五个儿子。随着儿子的长大，夫妇俩也逐渐衰老了。有一天，大儿上山打猎去了，二儿子下河捕鱼去了，三儿子下箐讨野菜去了，四儿子和五儿子到附近的寨子借盐巴和谷子去了，家里剩下老两口。五个儿子去了一天，一直到晚上一个也没有回来。开初，老两口没在意，认为五个儿子都大了，出门办事也不是一次两次了，也许有什么事给耽搁了。但是，一连几天，五个儿子一个都没回来。这下，老两口着急了。他俩挂着杖相携着到山上去找老大，他俩在山上找啊找，没有找到老大。他俩又顺着河去找老二，他俩在河边找啊找，可是也找不到老二。他俩又去箐里找老三，他俩在箐里找啊找，同样也没见老三的影子。他俩又到附近的寨子去找老四老五，可是找遍了附近所有的寨子，问遍了寨子里所有人家，人们都说不知道。老两口就这样不停地在山上、河里、箐里、寨子里找他们的五个儿子，呼喊他们的五个儿子。一年过去了，两年过去了，三年过去了——父亲喊哑了嗓子，母亲哭瞎了眼睛，他们的五个儿子仍然一个也没有找到。老两口在家里日日夜夜地思念着儿子。父亲的嗓子哑了不能再喊了，母亲的眼睛瞎了不能再寻找了。怎么办呢？为了找到儿子，父亲突然想到了一个办法。他从园圃地里摘下一个成熟的葫芦，把葫芦的心掏空，插上五根泡竹管，最长的那根代表老大，其他短的依次代表老二、老三、老四、老五。他在五根管上钻了五个洞，让它发出声音。他和老伴坐在家门口，手捧着插有泡竹管的葫芦，一遍遍地吹了起来。葫芦的声音传得很远很远，传过一座座大山、一条条河流、一个个山寨，悠扬凄婉，听到的人们都忍不住淌下同情的眼泪。终于父亲吹的葫芦声传到了五个儿子的耳朵里，他们听出了那是年迈的父亲召唤他们回家的声音。于是，五个儿子便寻着声音，一个个地赶回家来了。

第三种版本，在《民族艺术研究》1992年第2期刘远东发表的文章《拉祜族的葫芦文化》中有记载。该文在第二部分"葫芦笙是拉祜族家庭团结和睦的象征"中引述了一个口头文学故事，其梗概叙述如下：

从前有一个拉祜族家庭，夫妻两人勤劳勇敢，挖山种地，相亲相爱，共生育了五个儿子，生活得蛮不错。五个儿子都长大了，但好逸恶劳，爱玩贪耍，父母安排给他们的劳动任务，谁都不愿出大力去干。父母看到五个儿子这样懒惰，非常生气，便把他们都驱逐出家，命令他们自谋生计。过了几年，父母双双都苍老了，日日夜夜地想念五个儿子。他俩跑到山头，大声呼唤五个儿子的名字，毫无效果。于是老父亲便想出一个主意，用五根竹管（象征五个儿子）插在葫芦里，做成芦笙，吹响起来，声音特别地洪亮悠长。五个儿子听到芦笙的响声，都感到非常神奇，定要去探个究竟。他们都顺着声音找去，结果都找到自己父母的家里，原来是自己的父母在吹这奇特的乐器呢！父母流着欢乐的眼泪，把思念儿子之心和做芦笙召唤儿子们归来的原委都倾诉给儿子们，大家都悔恨分离的痛苦和悲哀，都保证今后要和父母团结在一起，勤奋劳动，共同创建富裕幸福的家庭。结果，这个破碎的家庭又团圆了，从此过上了幸福欢乐的生活。

3. 拉祜族芦笙的制作

拉祜族芦笙的制作没有统一的标准。芦笙的大小和音色取决于制作材料；芦笙的音高和音准取决于制作者的经验。制作拉祜族芦笙靠纯手工，虽然制作材料、制作工具和制作工序简单，但材料的选取十分讲究，对工艺的要求也很高。2006年，"拉祜族葫芦笙制作技艺"被列入《云南省第一批非物质文化遗产保护名录》。

（1）制作拉祜族芦笙的材料和工具

制作芦笙用的材料和工具

制作拉祜族芦笙的材料有葫芦、竹、酸蜂蜡和铅等四类，其中，竹类包括泡竹、金竹和空心竹等三类。

葫芦是芦笙的主体，是芦笙的共鸣箱。制作芦笙的葫芦是专门种植的，选取时必须是成熟并自然晾干、品相好、形状周正、底部相对平整的。所选葫芦的质量对芦笙的音色和音质有很大的影响。

野生泡竹具有节间通直、竿箨薄、伸缩性小的特性，用于做笙管；人工栽种的金竹用于制作簧片；空心竹用于共鸣箱与吹管的连接管。无论用哪一类竹，对砍伐季节都有严格的要求，并且要有一定的晾干时间。酸蜂蜡用于粘贴簧片和固定笙管；铅用在簧片上，用来调整音调的高低。

制作拉祜族芦笙的工具包括数把不同规格的刻刀、尖刀和竹针，这些工具均为自制。

（2）制作拉祜族芦笙的工序和工艺

第一，共鸣箱的制作。

用尖刀在葫芦腹部的相对两面各开五个孔，用于插入笙管，孔的大小根据选择好的笙管的粗细确定，孔距凭经验而定。

第二，簧片的制作。

簧片是镶嵌在笙管上使芦笙发出声音的重要工具，是芦笙的核心部件。簧片制作是芦笙制作中工艺最复杂、要求最精细的一道工序。

制作簧片的选材十分讲究，人工栽种的金竹必须有充足的阳光照射，砍回的金竹削成片后，必须用一年左右的时间晾干。

制作者凭经验，用小刀将约2厘米宽的金竹片细心地削到适宜的厚薄度，以作簧片基片；再在厚度适宜的基片上用刻刀雕刻舌簧。簧片基片的厚薄度和舌簧雕刻的精细度对芦笙的质量有关键性影响。舌簧雕刻结束后用竹针剔除附着物，然后口含簧片试音。根据试音结果，打磨簧片，修刮舌簧，调整舌簧与基片舌簧框的缝隙，如此不断反复，直到试音满意为止。试音和调整的标准由制作者的经验决定。

制作簧片

第三，笙管的制作。

根据用于共鸣箱的葫芦的大小，将泡竹管切为长短不一的五根，在每根距端口约 2—3 厘米处雕刻长约 2 厘米、宽约 1.2 厘米的口，以放置簧片，再在笙管靠近葫芦的适当部位用烧红的细铁丝开按音孔。

把制作好的簧片镶嵌在笙管上的开口处，用酸蜂蜡粘贴固定后，口吹笙管调音。笙管的调音以最长一根为标准音，调音依靠在舌簧与基片之间镶入铅粒控制开口度，并辅以酸蜂蜡粘贴调整簧片的面积和力度加以完成。除最长一根笙管以外，其余四根笙管的调音还可在笙管的适当部位依靠开凿音孔加以完成。

笙管调音是芦笙制作的关键环节，也是对制作者听辨音能力的考验，需反反复复进行多次。

笙管调音结束后，按照音程关系排列，分别插入葫芦腹部的五个孔，用酸蜂蜡固定笙管，并不断调节，严封笙管与葫芦接触的部位，使其不漏气，用一条竹篾捆紧五个笙管，再在葫芦口上套上大小适合的空心竹，最后在空心竹管内插上一根泡竹作为吹管，一个完整的芦笙即制作完成。

（二）拉祜族芦笙舞

拉祜族芦笙舞是拉祜族现存传统文化的重要组成部分，是拉祜族最具有代表性的，以拉祜族芦笙为唯一伴奏乐器的世代流传的民间舞蹈。拉祜族芦笙舞因拉祜族芦笙在舞蹈中始终具有不可替代的作用而得名。2008 年被列入《第二批国家级非物质文化遗产名录》（编号：Ⅲ - 79)。

因无文字记载，拉祜族芦笙舞起源于何时已无从考证。

拉祜族芦笙舞在拉祜族中广为流传，每当欢度传统节日或祭祀祈福等重大活动时，都要跳拉祜族芦笙舞。拉祜族芦笙舞主要在澜沧县西北部木戛乡，北部富邦乡，中部竹塘乡、南岭乡、酒井乡，西部拉巴乡、东回镇和西南部糯福乡等拉祜族聚集地区流传。这些区域总面积 3215 平方公里，共有 58 个村民委员会，959 个村民小组，总人口 15 万余人，其中，拉祜族人口约 11 万余人，占总人数的 73%。

拉祜族芦笙舞以正步、踏步、蹉步、绕步和身段的俯、仰、摆、转等为主要动作特点，节奏有张有弛，动作幅度时大时小，表现手法时而夸张洒脱，时而细腻逼真，形成了深沉而坚毅、洒脱而机巧的艺术风格。

拉祜族芦笙舞

舞蹈时，由领舞引领吹奏芦笙的男子围成圆圈，沿逆时针方向，按套路要求，边吹芦笙边舞蹈；拉祜族女子或宾客则在外围手拉手围成一圈或数圈，随芦笙吹奏的曲调和节奏起舞。领舞必须由村寨中有较高地位，并熟悉拉祜族芦笙舞套路的成年男性担任，其他人只能充当伴舞。

民间流传的拉祜族芦笙舞共有100多个套路，澜沧县文化馆和澜沧县非物质文化遗产保护中心已收集记录了83套。拉祜族芦笙舞可分为宗教祭祀、生产劳动、日常生活、模拟动物和嘎调子等五类表现内容。

1. 宗教祭祀类

表现宗教祭祀类的属拉祜族芦笙舞中的"礼仪舞"，是拉祜族原始宗教信仰的"敬神"仪式在民间传统舞蹈中的表现，它有丰富的内涵和严格的定制，只有在每年农历正月初九、正月十五、八月十五和拉祜族"新米节"，或有一定组织的重要活动中才能跳，一般时候和一般情况下不能跳。礼仪舞分"嘎祭"和"嘎祭根"两个部分，"嘎祭"作为拉祜族芦笙舞的"序幕"，"嘎祭根"作为拉祜族芦笙舞的"尾声"。基本舞步是一步一跺脚。

（1）"嘎祭"

"嘎祭"是拉祜语 qai jid 的音译，有请求"厄萨"保佑万事如意之意。"嘎祭"既是拉祜族传统的"敬神"仪式，又是拉祜族芦笙舞的"开门"。在不同的地域，"嘎祭"的表现形式有所不同，但都包含了"祭拜"和"祈福"的内涵，都有先准备好供品（因地域或宗教信仰不同，供品数量和品种不尽相同），再围绕或面向供品行礼的程序。

①澜沧县酒井乡勐根村老达保村民小组的"嘎祭"

在活动组织者家（或村寨的"佛房"或教堂，下同）中行完拉祜族传统规定礼体后，方向一步一跺脚，共走十二步，跺十二脚，再沿逆时针方向一步一跺脚，共走十二步，跺十二脚，反复四次，表示一年有十二个月，一天有十二个时辰，一年有四季。在室内跳结束后，众舞者在供品和领舞者的引领下，以一步一跺脚的舞步从室内跳至预定跳芦笙舞的广场。到达广场后，围绕着预先插好的松枝和供品起舞，程序和动作与室内跳法完全相同。然后将供品放置在松枝旁，全体舞者就围着供品和松枝继续下面的舞蹈（生产劳动、日常生活、模拟动物和嘎调子，下同）。①

酒井乡勐根村老达保村民小组的嘎祭

① 参阅澜沧拉祜族自治县文化馆、澜沧拉祜族自治县非物质文化遗产保护中心《拉祜族民间舞蹈——芦笙舞》，2014 年整理版。

②澜沧县富邦乡赛罕村的"嘎祭"

领舞者在寨子的佛堂里面向供台诵经，诵经结束后，由两人依次击响佛堂内音高不同的两面铓，再到佛堂外面向东南西北四个方位行礼。礼毕后，等候在佛堂下方的众舞者沿台阶而上至佛堂前，在领舞者的引领下，一步一跺脚沿逆时针方向跳三圈，再沿台阶而下，至佛堂下方预定跳芦笙舞的广场，围绕着预先插好的松枝和点燃的香继续下面的舞蹈。

③澜沧县富邦乡伕朗村的"嘎祭"

由领舞者先到广场的"神树"前祭拜，然后，率领其他舞者一步一跺脚向组织者家跳去。至家门前，先后沿逆时针方向和顺时针方向分别跳一圈，再面向屋外和屋内分别走四步，跺四脚，最后，沿逆时针方向跳一圈后，跳至屋内。

跳入屋内后，围绕供品沿逆时针方向走四步，跺四脚，然后面向堂屋左边方向走四步，跺四脚；再围绕供品沿顺时针方向走四步，跺四脚，再面向堂屋右边方向走四步，跺四脚；最后，围绕供品沿顺时针方向走两步，跺两脚，再沿逆时针方向走六步，跺六脚，面向堂屋右边方向走四步，跺四脚，再双手捧葫芦举过头顶行礼。

上述程序结束后，行拉祜族民间传统礼体。礼毕，重复前面动作，再在供品和领舞者的引领下，跳至预定跳芦笙舞的广场。到达广场后，围绕着供品重复室内的跳法。然后把供品放置在广场中央，全体舞者围着供品继续下面的舞蹈。

④澜沧县南岭乡芒弄村团结村民小组的"嘎祭"

大体与澜沧县酒井乡勐根村老达保村民小组的"嘎祭"相同：差异在于：在供品中插入了一根当地传统农业生产打谷子用的"弯杖"，这是在其他地域"嘎祭"供品中没有的。此外，程序的差异是：在室内跳完规定动作后，先由"魔八"（音译，当地指原始宗教活动的主持者）手持点燃的香，引领领舞和众舞者跳至预定跳芦笙舞的广场。到达广场后，围绕插在广场中央的已点燃的香跳规定动作，跳完规定动作后沿原路线，跳回活动组织者家中，再从活动组织者家中按照领舞、供品、众

南岭乡芒弄村团结村民小组的嘎祭

舞者的排序跳至广场。到达广场后，围绕已点燃的香跳规定动作，完成规定动作后，把供品放置在已点燃的香旁边，全体舞者围着供品继续下面的舞蹈。

澜沧县收集记录的礼仪舞共有《迎新舞》《双脚踩田地肥》《福种寿种》《吃福喝福》《跳三年闲三年》《磕头舞》《扫地出门》和《扫地进家》等8套。

（2）"嘎祭根"

"嘎祭根"是拉祜族芦笙舞的最后一个项目，即在太阳落山前，众舞者在供品以及领舞者的引领下，由广场按照"嘎祭"所经过的路线往回跳，到达活动组织者家时，重复"嘎祭"。

"嘎祭根"的舞蹈动作与"嘎祭"完全相同，芦笙吹奏的曲调和旋律也完全相同。

2.生产劳动类

生产劳动类是拉祜族芦笙舞中内容最丰富，套路最多的部分，是继"礼仪舞"之后必须跳的舞蹈，是拉祜族先民原始生产劳动方式的反映。

生产劳动舞的动作主要模仿生产劳动时的基本动作，表现一年四季生产劳动全过程的各个环节，舞蹈动作简捷明快，形象栩栩如生。澜沧县收集记录的生产劳动舞共有《找地舞》《磨刀舞》《铲地舞》《摞草舞》《斗犁架》《犁地舞》《挖地敲地》《捡摞渣》《烧摞渣》《撒谷种》《铲田埂》《耙田舞》《糊田埂》《拔秧舞》《栽秧舞》《薅秧舞》《谷子扬花》《撵小雀》《风吹谷子倒》《绑谷子》《破篾子》《编囤箩》《编篾笆》《找弯棍》《割谷子》《堆谷子》《盖谷子》《打谷子》《摞拢谷子》《扬谷子》《背谷子》和《谷子装仓》等32套。

3.日常生活类

表现日常生活类的生活舞是拉祜族芦笙舞中的重要组成部分，是拉祜族生活习俗的艺术再现，主要表现的是拉祜族日常生活的基本内容，充满了生活情趣。澜沧县收集记录的生活舞共有《春谷子》《簸火舞》《砍柴舞》《支三脚舞》《烧火舞》《支土锅》《煮饭舞》《春盐巴辣子舞》《拌盐巴辣子舞》《摆饭桌》《支板凳》《吃饭舞》《抽烟喝茶》和《摇娃娃》等14套。

4.模拟动物类

模拟动物舞，顾名思义，即模拟各种动物的习性、神态和动作，带有一定的表演性。模拟动物舞要求吹奏的旋律曲调与神态、动作相互间有密切的配合。澜沧县收集记录的模拟动物舞共有《斑鸠拣谷子》《老鹰舞》《鸭子舞》《猴子舞》《孔雀舞》《鹌鹑舞》《木奈何舞》《黄鼠狼掏蜂蜜》《麂子舞》《青蛙舞》《白鱼翻身》《拿鱼舞》《斗鸡舞》《蜻蜓舞》《马舞》《水牛舞》和《螃蟹舞》等17套。

5.嘎调子

嘎调子是拉祜族芦笙舞中参与性和自娱性最强的舞蹈。人们围圈而舞，可随心所欲地即兴创作，形式活泼自由，气氛热烈，持续时间较长。澜沧县收集记录的嘎调子共有《男人舞》《女人舞》《欢乐舞》《大家来跳舞》《对对舞》《扭膝舞》《绕脚舞》和《翻身舞》等共8个套路。

二　洗手礼和抢新水

（一）洗手礼

拉祜族有许多世代流传的礼仪，如洗手、拴线、敬酒、敬茶（用炭火烤焙后注入沸水的传统方法冲泡的茶水）。

洗手礼是拉祜族以葫芦为盛器，欢迎尊贵宾客的传统礼仪，是拉祜族礼仪文化的重要内容。每当尊贵的宾客进入拉祜族寨子或家中，拉祜族女性都要用葫芦盛着的清水为宾客洗手，以表示对宾客的尊重和欢迎。

葫芦盛清水为宾客洗手有极其丰富的内涵。《牡帕密帕》记载，人类的始祖扎迪和娜迪从葫芦里走出来，葫芦即人类诞生的母体。用葫芦盛清水象征着母爱，象征着包容，象征着纯洁。这种母爱、包容和纯洁在拉祜族传统礼仪中就表现为真诚欢迎宾客，祝福宾客万事如意，为宾客消除旅途劳累。

除欢迎宾客以外，在某些原始宗教信仰地区，相关活动结束后也行洗手礼。

（二）抢新水

"抢新水"是拉祜族的一项传统民俗。每逢正月初一清晨，拉祜族家家户户都要派人去附近的山箐接山泉水。因为是新年第一天，所以把

拉祜族正月初一清晨"抢新水"

接到的水称为"新水";又因为拉祜族认为,谁能第一个接到"新水",谁就能在新的一年里吉祥如意,因此,大家都争先恐后去"抢"新水。

传统的抢新水以葫芦为盛器。拉祜族认为,"新水"是吉祥的象征,用葫芦盛新水代表了圣洁如意。抢到新水可以消灾驱邪,可以好运不断。

第二节　葫芦在哈尼族传统文化中的应用

澜沧县哈尼文化研究者赵余聪书面叙述了葫芦在哈尼族传统文化中的应用:

哈尼族在历史上每年有十二个节日,所有节日都根据物候历法、围绕山地农耕活动为核心展开。每个节日活动都带有较为浓厚的原始宗教色彩。这些活动都与祭神、祭祖、祭英雄、驱邪避鬼联系在一起。开展这些活动有的是全寨性的活动,有的是以户为单位的活动,无论举行全寨性的活动还是以户为单位的活动都须杀生,小则杀鸡杀猪大则杀牛。举行这些活动宰杀动物之前都必须按风俗习惯履行一系列的程序,其中用葫芦瓢打一瓢从水井里取回的"圣水",对即将宰杀的动物按头、身、脚依次浸泼"圣水"以示给宰杀前的动物"洁身",这是最为重要的程序之一,这个程序中用来泼"圣水"作"洁身"的用具只能用葫芦瓢,忌讳使用其他任何器具。哈尼/阿卡人过春节时抢新水用的容器也必须是葫芦,忌讳用其他器具。

由于哈尼/阿卡人的节日、祭祀、乔迁、结婚、生子取名、叫魂、办丧事等十分频繁,而举行这些活动都必须杀生,所以,澜沧县酒井乡、惠民镇一带的哈尼族/阿卡人家家都必备有杀生时泼"圣水"专用的葫芦瓢,并把此瓢视为"神瓢"。

第三节　葫芦在傣族传统文化中的应用

据澜沧县上允镇芒角村刀国兴（男，傣族，澜沧县上允镇芒角村村主任）、波岩江（男，傣族，澜沧县上允镇芒角村芒角四组村民）和尼发（男，傣族，澜沧县上允镇芒角村芒角四组村民）介绍：傣族在节庆、婚丧嫁娶、庆贺丰收等活动中，有一个庄重而神圣的仪式——滴水。

佛寺里的佛爷一手持禅杖插入地里，一手持扇遮面，滴水者手持专门用于滴水的葫芦，葫芦里盛有取自自家的清水，在佛爷诵经的同时，将葫芦里的水慢慢地滴在禅杖插入的地方。滴水的目的是祈福或消灾。滴水的工具必须是品相周正、熟透后晾干并经过加工处理过的葫芦，不可用他物代替；葫芦里盛的水必须是取自自家的清水。

用葫芦滴水是傣族的民间传统文化，是傣族崇拜葫芦的具体体现。节庆时用葫芦滴水，以示祥和欢乐；新人结婚用葫芦滴水，以求婚姻美满、家庭幸福；盖新房时用葫芦滴水，以盼大吉大利；吃新米时用葫芦滴水，既是向先人报喜，也是祈盼来年有好收成。每逢有天灾人祸或不吉之事发生，要用葫芦滴水"洗寨子"，以消灾辟邪。丧葬用葫芦滴水既是对亡者的怀念，也是对亡灵的祷告。

第四节　葫芦在佤族和布朗族传统文化中的应用

一　葫芦在佤族传统文化中的应用

酒文化是少数民族传统文化的内容之一。"佤族水酒"是佤族酒文化的重要代表。

在澜沧县安康乡糯波村，当地佤族保留着以葫芦为盛器酿制佤族水酒的传统：打开成熟后晾干的葫芦底部，将发酵的小红米（或小麦或高粱）装入葫芦中，倒入山泉水，将葫芦倒置，滤出的液汁即佤族水酒。用这种方法酿制的佤族水酒，不仅具有佤族水酒的普遍特性，而且还有厚重的陈香感。

安康乡糯波村用葫芦滤"佤族水酒"

此外，在澜沧县，佤族也用葫芦制作芦笙。与拉祜族芦笙比较，佤族吹奏的芦笙在笙管上再套入葫芦，以增强芦笙的共鸣。

二　葫芦在布朗族传统文化中的应用

茶文化是布朗族传统文化的重要组成部分。

据澜沧县惠民镇芒景村芒景上寨南康（男，布朗族，澜沧县惠民镇芒景村人）介绍：用葫芦烤茶是布朗族最原始、最传统的茶艺，是布朗族茶文化的一大特点。南康家至今保留着以葫芦烤茶的传统茶艺：把成熟后晾干的葫芦腹部的一面剖开，在葫芦腹部的另一面开若干小孔，将茶放入葫芦里，从火塘中取出火炭放入茶中，不断簸动，直至嗅到茶香。据南康介绍，多年用于烤茶的陈旧的葫芦屑，对动物咬伤的伤口具有止血快和防止伤口感染等药用功效。

第四章

阿朋阿龙尼

第一节　阿朋阿龙尼的由来

"阿朋阿龙尼"是拉祜语音译，汉语意为"葫芦节"，是拉祜族的传统节日，是澜沧县域内的法定节日。

阿朋阿龙尼是根据拉祜族创世史诗《牡帕密帕》确定的。

据《牡帕密帕》记载：厄萨在造天造地、造太阳和月亮、划分季节、造江河湖海、造花草树木之后，开始播种葫芦，葫芦成熟后，麂子踩断了葫芦藤，葫芦顺山滚下……厄萨历尽千辛万苦找到了葫芦。农历十月十五日，小米雀和老鼠啄开了葫芦，人类的始祖——扎迪和娜迪从葫芦里走出，从此，世上有了人类。因此，农历十月十五日就是传说中的拉祜族诞生日。

拉祜族视葫芦为母体，视扎迪和娜迪从葫芦里走出来的日子为吉祥日，于是，便有了"阿朋阿龙尼"。

第二节　阿朋阿龙尼的确定及其演变

1992年以前，作为拉祜族的传统节日，阿朋阿龙尼仅在拉祜族聚集地区由民间自发组织开展欢庆活动。

1992年8月7日，澜沧拉祜族自治县人民代表大会常务委员会发布公告：

澜沧拉祜族自治县第九届人民代表大会常务委员会第十七次会议根据县人民政府的提议，于1992年8月7日决定：每年（农历、下同）10月15、16、17日为拉祜族的"阿彭阿隆尼（即葫芦节）"，自1992年10月15日起施行。

1992年9月22日，澜沧拉祜族自治县人民政府下发《关于确定澜沧拉祜族节日的通知》文：

拉祜族是我国五十五个少数民族之一，有着自己悠久的传统文化。我县是全国唯一的拉祜族自治县，在党和政府的领导下，随着经济文化的发展和对外改革开放的深入，拉祜族人民的自尊心、自信心和自立于世界民族之林的意识逐渐增强，对于本民族的传统文化日益重视，广大拉祜族人民迫切希望有一个自己独特的民族节日。为尊重拉祜族人民的意愿，进一步弘扬民族文化，促进民族经济、文化的发展，根据《中华人民共和国宪法》关于"各民族都有保持或者改革自己风俗习惯的自由"的规定和党和政府关于民族平等、团结的政策原则，以及恢复建立民族节日的精神，县人民政府向县人大常委会提交了《关于确定拉祜族"阿朋阿龙尼（葫芦节）"的报告》，经1992年8月7日县第九届人民代表大会常务委员会第十七次审议通过，决定每年农历十月十五、十六、十七日为拉祜族的"阿朋阿龙尼（汉语即葫芦节）"，节期定为三天。节日期间全县干部职工放假三天，共同欢度"阿朋阿龙尼"。自一九九二年起实行。

1992 年 9 月 28 日，澜沧拉祜族自治县人民代表大会常务委员会向云南省人民代表大会常务委员会呈报《澜沧拉祜族自治县人民代表大会常务委员会关于报批拉祜族"阿朋阿龙尼"的报告》。1992 年 10 月 26 日，云南省人民代表大会常务委员会办公厅发文："关于你县拉祜族的民族节日，由你县根据拉祜族人民的意愿，自行确定即可。"

2004 年 6 月 26 日，澜沧县旅游局、澜沧县民族宗教事务局和澜沧县文化体育局向澜沧县人民政府提出《关于调整我县"葫芦节"过节时间的建议》：

县人民政府：

我县是全国唯一的拉祜族自治县，民族风情多姿多彩，葫芦是拉祜族的吉祥物和生活中的亲密伴侣，传说拉祜族祖先是从葫芦里诞生的，为纪念这一神圣的日子，1992 年 8 月 7 日，县第九届人大常委会第十七次审议通过在每年的农历十月十五、十六、十七日为拉祜族"阿朋阿龙尼"，即"葫芦节"，把"葫芦节"以法定形式固定下来。

12 年来，我县每年以不同的方式举办"葫芦节"庆典，"葫芦节"已成为我县继春节后的第二大节庆，对促进我县民族团结、边疆稳定、经济发展起到了重要作用，是我县各族人民交流、融合的重要桥梁。随着时代的发展，各种情况的不断变化，为了更好地挖掘、宣传、开发拉祜文化，将我县的"葫芦节"与西盟、孟连的"木鼓节""神鱼节"连接起来，建议县人民政府将我县一年一度的"葫芦节"调整到每年的 4 月 7、8、9 日举办，建议理由如下：

1. 为建设民族文化大省、旅游经济强省，省人民政府确定从 1999 年开始，在每年的 4 月举办中国昆明国际文化旅游节，各地（州）、市、县依据各自情况申报设立分会场。因我县可利用我省举办昆明国际旅游节为契机，申报拉祜文化旅游节分会场，与"葫芦节"同步举办，对于宣传促销我县拉祜文化及旅游业效果将更好。

2．临近的西盟县已确定在每年4月11、12、13日举办"木鼓节"，孟连确定在4月13、14、15日举办"泼水神鱼节"，从举办的情况来看，效果不错，将我县"葫芦节"调整在4月7、8、9日举办，边三县联动宣传打造将更具影响力，更有助于扩大商品交流。

3．"葫芦节"在11月举办，年终是各单位、各部门最为繁忙的时候，从历年的经验来看，由于时间紧张，节庆活动组织准备不是很充分。直接影响到每年"葫芦节"的办节规模和质量。

4．我县县庆是4月7日，每年都要举办庆祝活动，"葫芦节"与县庆共同举办，不但可以避免自己重复投入，节约财政支出，而且可以举全县之力，提高节庆的规模的档次，实行两节联办，有助于宣传我县拉祜文化，扩大对外开放的力度，提高澜沧知名度，符合我县"拉祜文化兴县"的发展战略。

基于以上原因，建议县人民政府将我县"葫芦节"举办时间调整到4月7、8、9日（阳历）三天，望县人民政府给以研究！

2005年7月7日，澜沧县民族宗教事务局、澜沧县文化体育局和澜沧县旅游局再次向澜沧县人民政府提出《关于调整我县"葫芦节"过节时间的建议》。

2006年2月17日，澜沧县人大常委会审议通过，决定将葫芦节节期调整为每年的公历4月8日至10日，以体现春回大地、葫芦萌芽、万物争荣、兴旺发达的时代精神和美好愿望。同年，拉祜族葫芦节被列入《云南省第一批非物质文化遗产保护名录》。

第三节 阿朋阿龙尼盛况

一 1992年阿朋阿龙尼

1992年阿朋阿龙尼是澜沧县域内法定的第一个拉祜族传统节日，澜沧县的节庆时间为11月9、10、11日。

10月23日，中共澜沧县委、澜沧县人民政府在北京国际会议中心举行了"中国澜沧拉祜族'阿朋阿龙尼'（葫芦节）新闻发布会"，时任澜沧县人民政府县长张忠德在新闻发布会上发表了题为《欢庆传统的节日，展望美好的未来》的讲话。10月31日，在云南省会昆明举行了新闻发布会，同日，在昆拉祜族共同欢度阿朋阿龙尼。

11月2日，《云南日报》在第一版以"在昆拉祜族欢度葫芦节"为题，对澜沧县法定的第一个阿朋阿龙尼做了介绍。

报道全文如下：

10月31日，在昆拉祜族同胞欢度自己的传统节日"葫芦节"，同时，澜沧拉祜族自治县县委和政府在昆举行新闻发布会，欢迎四方宾朋到澜沧去，投资办企业。

葫芦节源于拉祜族传世史诗《牡帕密帕》。传说万灵之神厄萨种下了一颗金色的葫芦，从葫芦里走出了一对拉祜青年扎

澜沧县1992年葫芦节县人民政府大门悬挂的庆祝标语

澜沧县1992年葫芦节庆祝大会上拉祜族群众欢歌起舞

迪和娜迪。这一天就是农历十月十五日（公历 11 月 9 日），也就是传说中拉祜族的诞生日。每年这一天，拉祜族都要举行庄严的仪式和丰富多彩的文体活动，增进相互间的友谊与联系。今天，这一浓郁的民族交往形式又注入了新的内容。

澜沧是我国唯一的拉祜族自治县，居住着近 20 万拉祜族同胞。域内森林、水利、矿藏、旅游等资源十分丰富；国道 213 线和 314 线贯穿东西南北，澜沧江水路已开通缅甸、老挝、泰国等国，开发前景极为可观。在新闻发布会上，县长张忠德介绍了自治县良好的投资环境和一整套优惠政策。

11 月 9 日上午，在澜沧县人民政府办公楼前的广场举行了"澜沧拉祜族自治县欢庆首次拉祜族'葫芦节'大会"。大会主席台两侧悬挂着"从葫芦里出来，向着太阳奔去"的联句。

1992 年阿朋阿龙尼"本着改革开放精神，围绕节日搭台，经济唱戏，提高澜沧知名度，提高拉祜文化知名度，增进内外交往，弘扬民族文化，促进经济发展"①组织开展活动。活动包括庆祝大会、民族民间文艺表演、民族民间传统体育比赛、座谈会和边贸洽谈等内容。

来自国内外 49 个单位（部门或团体）的 220 名宾客（其中国内 41 个单位，158 名）参加了节庆活动。节庆期间，实现贸易成交额 72.74 万元，成功洽谈对外合作项目 2 个，洽谈意向性项目 8 个。

中央电视台、《人民日报》、云南电视台、云南人民广播电台和《云南日报》等媒体就 1992 年阿朋阿龙尼发了消息。

二　2005 年阿朋阿龙尼

2005 年阿朋阿龙尼的时间为 11 月 16、17、18 日，主要活动有：

---

① 时任澜沧县政府机关党总支书记王贵 1992 年 9 月 20 日在"澜沧县欢度首次葫芦节第二次筹备会议"上的会议记录。

拉祜文化研讨会、民族民间歌舞联欢、组织来宾参观浏览景迈芒景千年万亩古茶园（启动申报"世界文化遗产"工作后，统称"普洱景迈山古茶林"）和其他民族村寨以及拉祜山乡书画摄影展。其中，民族民间歌舞联欢活动规模盛大，分别组织了各有100人组成的拉祜族摆舞、佤族歌舞、彝族三弦和歌舞以及哈尼族歌舞等联欢队开展民族民间歌舞联欢。在欢庆2005年阿朋阿龙尼之际，中央电视台《星光大道》栏目组来到澜沧县，并举行了"拉祜山乡行文艺演出"。

为保证节日的各项活动顺利进行，中共澜沧县委办公室、澜沧县人民政府办公室于2005年10月28日印发了《2005年葫芦节活动方案》，现节选如下：

2005年11月16、17、18日将迎来我县的第14个葫芦节。为营造欢乐祥和的节日氛围，热烈、俭朴地过好今年的葫芦节，根据县委、县人民政府的要求，围绕"拉祜文化兴县"主题，制定本方案。

2005年阿朋阿龙尼傣族群众表演歌舞

一、主要活动安排

（一）2005 年 11 月 15 日 19∶30，在县民族剧院举行思茅市老年艺术合唱团文艺演出。由县文体局、老干局、老体协负责落实。

（二）2005 年 11 月 16 日 17∶30—18∶30，在县政府广场举行全市第二届老年体育运动会颁奖仪式；19∶00 举行迎宾晚会。由县委宣传部、文体局、老年委、老干局负责筹办。

（三）2005 年 11 月 17 日，在县会议中心二会议室举行"澜沧县欢度'阿朋阿龙尼'（葫芦节）暨拉祜文化研讨会"。由县委办、县委宣传部、政府办负责筹办。

（四）2005 年 11 月 17 日 16∶00 至次日 7∶00，在县政府广场举行 2005 年"阿朋阿龙尼"（葫芦节）民族民间歌舞联欢活动（17 日 21∶00 燃放烟花）。

拟组织酒井乡联欢队（拉祜族合唱、芦笙舞联欢,100 人，含领导和服务人员）、东朗乡联欢队（拉祜族摆舞联欢，100 人，含领导和服务人员）、上允镇联欢队（佤族歌舞联欢，100 人，含领导和服务人员）、谦六乡联欢队（彝族三弦、歌舞联欢，100 人，含领导和服务人员）、勐朗镇联欢队（哈尼族歌舞联欢，100 人，含领导和服务人员）参加联欢。由县委办、政府办、县委宣传部、人大办、政协办、文体局、民宗局负责筹办。

（五）2005 年 11 月 18 日，组织参加葫芦节活动的嘉宾、专家、学者参观浏览景迈芒景千年万亩古茶园和其他民族村寨。由县旅游局、民宗局负责落实。

（六）举办拉祜山乡书画摄影展。由县文联负责。

《思茅日报》2005 年 11 月 21 日第一版关于澜沧县 2005 年阿朋阿龙尼的报道节选如下：

11 月 17 日，澜沧人民穿着民族的节日盛装，以高涨的热情迎来了一年一度的拉祜族传统节日——"阿朋阿龙尼"（葫芦节）。省、市有关领导及友邻州市嘉宾云集澜沧。

葫芦节期间，澜沧组织了一系列丰富多彩的活动，特别是中央电视台星光大道"拉祜山乡行"系列活动成了葫芦节的热点。

为期三天的葫芦节，整个澜沧洋溢在浓浓的节日氛围中。11月16日晚的一台迎宾晚会，让来宾们感受到宾至如归的感觉。17日举行的欢度"阿朋阿龙尼"暨拉祜文化研讨会以及书法、绘画、摄影展等，为节日增添了浓浓的文化氛围，晚上举行了民族民间歌舞联欢会，燃放了美丽的节日焰火。11月18日，别具特色的中央电视台星光大道"拉祜山乡行"进村仪式隆重热烈。

三　2006年阿朋阿龙尼

2006年的阿朋阿龙尼是将节日时间由原来每年的农历十月十五、十六、十七日调整为每年公历的4月8、9、10日的第一年，主要活动有：葫芦节日期调整新闻发布会，欢度2006年葫芦节大会，民族民间文艺表演系列活动，召开云南民族学会拉祜族研究会会员代表大会，回顾"十五"成就、展望"十一五"未来书法美术摄影展。其中，民族民间文艺表演系列活动规模盛大，共有大型民族情趣文体表演、澜沧民歌对歌大赛和"歌海舞潮"民族民间歌舞巡游展演等七个项目。

为保证节日的各项活动顺利进行，中共澜沧县委办公室、澜沧县人民政府办公室于2006年3月4日印发了《澜沧拉祜族自治县欢度2006年葫芦节暨云南民族学会拉祜族研究会会员代表大会活动总体方案》，活动总体方案摘要如下：

为更好地发挥"葫芦节"在"拉祜文化兴县"中的作用，宣传澜沧独特的拉祜文化，提升拉祜山乡的知名度和美誉度，促进全县经济社会发展，经县人大常委会依法审议决定："葫

2006年阿朋阿龙尼开幕式会场

芦节"时间由原来每年的农历十月十五日、十六日、十七日调整为每年公历的4月8日、9日、10日。经县委、政府研究，决定于2006年4月8日—10日在全县范围内举办欢度"葫芦节"系列活动，云南民族学会拉祜族研究会届时还将在我县召开会员代表大会。为确保各项活动顺利举办和圆满成功，本着"对外扩大影响、对内营造氛围"和"隆重热烈、热情节俭、高效安全"的原则，特制定本方案。

一、活动主要内容

（一）召开"葫芦节"日期调整新闻发布会。

（二）举行欢度2006年"葫芦节"大会。

（三）举办民族民间文艺表演系列活动：

1."美丽的拉祜山乡"迎宾晚会；

2.大型民族情趣文体表演；

3.澜沧民歌对歌大赛；

4."多情的土地"民族民间传统歌舞、乐器展演；

5."绚丽山乡"民族服饰展演；

6."歌海舞潮"民族民间歌舞巡游展演；

7.民族民间歌舞大联欢。

（四）召开云南民族学会拉祜族研究会会员代表大会。

（五）举办回顾"十五"成就、展望"十一五"未来书法美术摄影展。

（六）组织参观游览古茶园和民族民居。

（七）举办农特产品物资交流会。

（八）举办焰火晚会。

二、工作要求

（一）全县各级各部门要把办好2006年葫芦节和云南民族学会拉祜族研究会会员代表大会活动，作为当前政治经济文化生活中的一件大事、喜事，作为宣传、展示澜沧形象的一次好机遇，统筹兼顾，精心组织，广泛参与，密切配合，确保节会各项活动顺利开展和圆满成功。

（二）全县各级各部门要教育广大干部群众自觉增强文明意识和主人翁意识，从自身做起，从现在做起，从身边一点一滴做起，积极参与节会的各项服务工作和活动，充分体现拉祜山乡热情好客、务实高效的形象。全县各级各部门要在节会前开展一次爱国卫生运动，打扫好环境卫生。城区各单位干部职工及中小学生，着以拉祜族为主的各少数民族服装参与活动。离退休干部参与原单位活动。

四 2008 年阿朋阿龙尼

2008年阿朋阿龙尼恰逢"普洱市第五届少数民族陀螺、门球运动会"和澜沧县"第二届民族体育运动会"召开，时间为2008年4月7—10日，主要活动有：普洱市第五届少数民族陀螺、门球运动会，民族民间歌舞巡游展演和陀螺、射弩、秋千、爬竿等十个项目的民族体育运动会。

民族民间歌舞巡游展演方队主要包括：共计300人组成的拉祜族

2008 年阿朋阿龙尼巡游中的拉祜族神鼓方队

方队，包括拉祜族芦笙、拉祜族摆舞、拉祜族神鼓和吉他四个小方队；150 人组成的佤族方队；100 人组成的哈尼族方队；50 人组成的彝族方队；50 人组成的傣族方队；50 人组成的布朗族方队；50 人组成的景颇族方队；50 人组成的小三弦方队。巡游展演方队行程 3000 米，先后在沿途的四个表演区表演民族民间歌舞。

《澜沧拉祜族自治县 2008 年葫芦节暨第二届民族体育运动会总体活动方案》节选如下：

为欢度 2008 年葫芦节，进一步弘扬拉祜文化，推进"拉祜文化兴县"步伐，建设开放、富裕、民主、文明、和谐的新澜沧，筹备组织好各项活动，特制定本方案。

一、活动指导思想

以邓小平理论和"三个代表"重要思想为指导，按照科学发展观的要求，认真贯彻党的十七大精神，县委第十届四次会议精神和县第十三届人大一次会议精神，充分发掘我县民族文化旅游资源。以弘扬优秀的传统民族文化为主线，打造拉祜文化品牌。进一步加大对外宣传力度，推动文化旅游产业的发展，不断丰富各族人民群众的精神文化生活，扩大对外开放，树立澜沧良好形象，促进澜沧经济社会科学发展、和谐发展。

二、活动主题

迎奥运，庆改革开放30周年，发展体育运动，彰显民族文化，振兴民族精神，构建和谐澜沧。

……

四、活动内容

（一）4月5日—7日，举行普洱市第五届少数民族陀螺、门球运动会。由陀螺门球比赛组负责落实。

（二）4月7日全天，来宾在澜沧宾馆报到。19：30，在县政府灯光球场举行迎宾文艺晚会。

（三）4月8日08：00—10：00，举行民族民间歌舞巡游展演和第二届民运会入场式。巡游从县小天桥出发，沿东朗路，经交易市场大门（表演一区）、三角花园（表演二区）、政府大门口（表演三区）、佛房小区路口，最后进入县体育中心（表演四区）结束巡游展演。巡游展演队伍包括以下几个方队：

1. 拉祜族巡游展演方队300人，由拉祜族芦笙、摆舞、神鼓、吉他四个方队组成；由县小身着礼服的100名学生组成的仪仗队、民小身着民族服装的100名学生组成的花环队、民中身着民族服装的100名高中学生组成的彩旗队和各乡（镇）身着各色民族服饰的50名少数民族组成的民族服饰队在前引领。芦笙方队100人，由富邦乡、木戛乡各负责组织50人组成；摆舞方队100人，由勐朗镇负责组织50人，东回乡负责组织50人组成；神鼓方队50人，由糯福乡负责组织；吉他方队50人，由酒井乡负责组织。四个方队各配备一辆主题彩车，由文体局负责落实。

2. 佤族巡游展演方队150人，由雪林乡、文东乡、安康乡各负责组织50人组成。

3. 哈尼族巡游展演方队100人，由糯扎渡镇、发展河乡各负责组织50人组成。

4. 彝族巡游展演方队50人，由谦六乡负责组织。

5. 傣族巡游展演方队50人，由上允镇负责组织。

6. 布朗族巡游展演方队50人，由惠民乡负责组织。

7. 景颇族巡游展演方队50人，由勐朗镇负责组织。

8. 小三弦巡游展演方队50人，由民宗局负责组织。

9. 教练员、裁判员、运动员代表方队。由教练员、裁判员和东河、大山、南岭、拉巴、竹塘、富东六个乡的运动员代表组成，每个乡28名运动员。

（四）4月8日10：00，在县体育中心举行2008年葫芦节暨第二届民族体育运动会开幕式。由秘书组、文艺演出组、宣传组负责落实。

（五）4月6日—10日，在县会议中心二会议室举办书法、美术、摄影展。由书画组负责落实。

（六）4月6日—10日，在县老干部活动中心举办灯展，由灯展组负责落实。

（七）4月6日—10日，在民族街芦笙路举办农特产品展销会。各乡镇组织一个展销团，展示各乡镇的土特产品、民族工艺品（芦笙、陀螺、水烟筒、烟锅头、陶器、服饰等）、小杂粮、中草药材。由农特产品展销组负责落实。

（八）4月8日—10日在县体育中心举行陀螺、射弩、秋千、爬竿等项目的民族体育运动会。由民运会比赛组负责落实。

（九）4月8日—10日，在县政府灯光球场举行澜沧第三届民歌大赛。由民歌比赛组负责落实。

（十）4月9日晚，在县政府灯光球场举行呼啦圈竞技比赛决赛。由呼啦圈竞技比赛组负责落实。

（十一）4月10日晚，在民族剧院举行2008年葫芦节暨第二届民族体育运动会颁奖晚会。由文艺演出组负责落实。

五　2009年阿朋阿龙尼

2009年阿朋阿龙尼，澜沧县各乡镇自行组织欢庆活动，中共澜沧县委、澜沧县人民政府在云南省会昆明"云南民族村"承办"中国·云南拉祜族阿朋阿龙尼（葫芦节）"联欢活动。

2009年4月17日,《普洱日报》第二版以"澜沧县各乡镇欢度葫芦节"为题，对澜沧县南岭乡欢度2009年阿朋阿龙尼做了报道，摘要如下：

4月9日，澜沧县南岭乡在拉祜族史诗《牡帕密帕》的传承基地——勐炳拉祜族村举办葫芦节，以丰富的原生态民族歌舞和独具特色的民族体育比赛尽展浓郁的民族特色和文化底蕴。

勐炳村是拉祜族比较集中的村子。4月9日，当我们赶到那里时，已是中午，刚修好不久的道路上到处都能见到喜庆的过节群众，早上就进行的民族体育比赛已结束，但参加比赛的人们还在兴致勃勃地谈论着精彩的比赛，还PK了南瓜、马铃薯、葫芦、玉米等农副产品的形好、质优。

中午，来自南岭乡八个村委会、乡机关和学校的演员们进行了歌舞表演，拉祜族原生态摆舞、芦笙舞，傻尼人的竹筒舞、古老的傻尼民歌，汉族的萧歌舞、健美操等均在台上亮相，虽然舞姿略显简单和笨拙，却富有浓郁的原生态民族特色，让人感动和震撼。值得一提的是，这个偏僻的拉祜山村，一直保持着原生态特色，拉祜人民纯朴善良、勤劳勇敢、能歌善舞的本性在这里得到完全体现，自然风光，民风民俗均体现出了民族特色。

中共澜沧县委、澜沧县人民政府在昆明承办的"中国·云南拉祜族阿朋阿龙尼（葫芦节）"联欢活动包括文艺表演、拉祜文化座谈会、澜沧县改革开放成就图片展等内容。

2009 年阿朋阿龙尼书画摄影展现场　　　　2009 年阿朋阿龙尼联欢活动现场

《普洱日报》2009 年 4 月 22 日第三版以"澜沧拉祜族葫芦节走进省城昆明"为题，对联欢活动做了报道：

从葫芦里出来，向着太阳奔去！随着时代的发展和社会的进步，"快乐拉祜·幸福和谐"成为拉祜山乡的生活主体。拉祜族从原始落后的过去走向富裕文明，走向全国，走向世界。

4 月 8 日，澜沧县委、县人民政府带着全县人民的祝福走进了春城昆明，在民族村举行了葫芦节庆祝活动。

拉祜族是我国最古老的民族之一。目前，全世界共有拉祜族人 65 万左右，中国约有 45 万人，主要分布在澜沧江中下游流域的普洱市、临沧市以及西双版纳州、红河州一带，其中澜沧县是拉祜族聚居的中心，也是全国唯一的拉祜族自治县，居住着 20 万拉祜族人。

在拉祜族传统文化中，葫芦被看作是拉祜族人繁衍的母体和原始崇拜的图腾，拉祜族被称为葫芦的女儿、猎虎的民族，并有了自己的葫芦节。

千百年来，勤劳、勇敢的拉祜族不畏艰险，走过青藏高原千山万水，在云岭大地、在澜沧江畔创造了源远流长、独具乡土魅力的拉祜原生态文化，使之成为自己的特色和亮点。

今天，拉祜族同胞和其他少数民族一样，沐浴着党的阳光，用自己的勤劳和智慧开创了美好幸福的生活。与此同时，也感谢党和政府对拉祜同胞的关怀，感谢所有关心支持拉祜三乡建设和发展的人们！

《中国·云南拉祜族阿朋阿龙尼（葫芦节）联欢活动（澜沧县）实施方案》摘要如下：

为贯彻落实党的十七大提出的"弘扬中华传统文化、建设中华民族共同精神家园"的精神和省委、省政府提出的把云南建成"民族文化强省"的要求，加快实施澜沧拉祜族自治县"拉祜文化兴县"战略，以一年一度的拉祜族传统节日——阿朋阿龙尼（葫芦节）为契机，传承和发展拉祜文化，经县委、县政府研究，决定于2009年4月7日至9日在省会昆明承办中国·云南拉祜族阿朋阿龙尼（葫芦节）联欢活动，为确保活动取得圆满成功，特制定本实施方案。

一、指导思想

以弘扬拉祜文化为导向，展现改革开放以来云南拉祜族地区特别是澜沧拉祜族自治县经济社会发展的光辉历程，突出拉祜文化特色，提升拉祜文化品位，扩大对外宣传，树立云南拉祜族新形象，为拉祜族地区特别是澜沧拉祜族自治县经济社会又好又快发展营造良好的文化氛围。

二、活动主题

快乐拉祜，幸福和谐。

三、活动内容

（一）联欢活动开幕式

（二）文艺表演

（三）拉祜文化座谈会

内容：邀请省内外拉祜族文化知名专家、学者，现居昆明的拉祜族知名人士，曾在澜沧挂职工作过的领导干部，省有关部门领导等座谈拉祜文化。

（四）拉祜族地区改革开放成就图片展览

四、组织机构（略）

五、相关要求

（一）提高认识。搞好"中国·云南拉祜族阿朋阿龙尼（葫芦节）"联欢活动，对于宣传澜沧，提高澜沧知名度，促进实施"拉祜文化兴县"战略具有十分重要的意义。各有关部门（单位）要高度重视，精心筹划，合理安排，搞好此项活动。

（二）明确职责。相关部门要各司其职，各负其责，相互配合，共同做好各项工作。

（三）加强宣传。

六　2011年阿朋阿龙尼

2011年阿朋阿龙尼活动包括澜沧县城葫芦广场落成庆典和惠民景迈芒景景区试开园。2011年4月21日，《普洱日报》对活动做了报道，节选如下：

世界拉祜之根　天下葫芦之源——相约澜沧

澜沧举行2011年葫芦节暨葫芦广场落成和惠民景迈芒景景区试开园庆典

4月7日，在这个万物复苏的春天里，好事喜事件件相连，拉祜山乡50万各族儿女又迎来了一年一度的葫芦节暨葫芦广场落成和惠民景迈芒景旅游景区试开园的庆典。

走进澜沧县城勐朗坝，一派节日的气氛，处处欢声笑语，张灯结彩，人潮如流，开创了有史以来的空前盛会。

改革开放以来，澜沧县委、县人民政府遵循科学发展观的原则，以拉祜文化为主线，把民族文化作为澜沧品牌和澜沧文

2011年阿朋阿龙尼巡游拉祜族芦笙队

化精神，推向中国，走向世界。节日期间，在新落成的葫芦广场举行了盛大的庆典仪式和民族民间歌舞联欢晚会。

云南省民族事务委员会副主任岩秒到会祝贺，（普洱）市领导，武警水电部队第一总队领导，国家民族事务委员会监督检查司处长，原思茅地区人大工委副主任张光明和张忠德参加了庆典仪式。

出席庆典仪式的还有省市有关部门（单位）领导，贵州省锦平县，云南省勐海县、双江县，以及我市景东、景谷、镇沅等县和澜沧县有关领导，驻澜军警及澜沧浙商房地产开发有限公司、柏联集团、中国水电顾问昆明勘测设计院的负责人等。部分曾在澜沧工作过的老领导、专家学者和国内外友好人士、出席拉祜族传统与发展研讨会的云南省民族学会拉祜族研究委员会的会员及澜沧4万多各族群众参加了庆典仪式。

中央电视台、人民日报、经济日报、云南日报、云南民族时报、广西电视台等新闻媒体对庆典活动进行了采访。

　　庆典仪式之后，来自澜沧县各乡镇的 8 个世居民族展示了各民族独具特色的文化，赢得了阵阵掌声和欢呼声。表演结束后伴随着一阵阵射向夜空的彩色光柱和焰火，各个民族的表演队与成千上万的来宾和观众共同携手狂欢起舞，跳起了"三跺脚"，把整个庆典的联欢晚会推向高潮。

　　4 月 8 日，参加庆典的来宾先参观了拉祜风情园，后赴惠民旅游小镇参加了景迈芒景景区试开园仪式，并游览了景迈、芒景千年万亩古茶园各个景点。

七　2013 年阿朋阿龙尼

　　2013 年阿朋阿龙尼恰逢澜沧拉祜族自治县成立 60 周年，主要活动有：召开庆祝大会和拉祜文化研讨会、民族民间歌舞篝火大联欢、山歌大赛、民族传统体育项目比赛等。

　　为保证节日的各项活动顺利进行，中共澜沧县委办公室、澜沧县人民政府办公室于 2013 年 2 月 25 日印发了《澜沧拉祜族自治县 2013 年葫芦节庆祝活动总体方案》，节选如下：

　　　　为进一步弘扬民族文化、推进实施"拉祜文化名县"战略，建设文明、和谐、秀美新澜沧，县委、县政府定于 2013 年 4 月 7 日至 4 月 10 日举办葫芦节庆祝活动，特制定本方案。

　　　　一、庆祝活动的目的意义

　　　　举办 2013 年葫芦节庆祝活动，旨在深入宣传党的民族政策，充分反映近年来全县经济、政治、文化、社会、生态建设取得的巨大成就，进一步激发全县各族人民实施"拉祜文化名县"战略、建设"世界拉祜文化中心"和"绿色经济通道"的信心和决心，借助节庆平台，发展旅游产业，繁荣民族文化，扩大对外开放，促进民族团结，维护边疆稳定，推动经济社会科学发展、和谐发展、跨越发展。

二、指导思想、活动主题及基本原则

2013 年葫芦节庆祝活动以邓小平理论、"三个代表"重要思想和科学发展观为指导，深入学习贯彻党的十八大精神，全面宣传党的民族政策，进一步增进各民族之间的相互团结，展示民族风貌，振奋民族精神，抢抓云南省实施"两强一堡"战略和普洱市建设国家绿色经济试验示范区的历史机遇，全力推动我县经济社会发展新跨越。

庆祝活动以"团结和谐、创新发展"为主题，坚持以下原则：

（一）隆重热烈，简朴节俭。各项活动要隆重有气势，营造热烈气氛，体现万民同庆、万民同感、万民同享、万民同乐，安排丰富多彩的群众性活动。同时，各项活动的安排要简单朴素，勤俭节约。

（二）严密周全，热情接待。各项活动要统筹安排，周密部署，精心组织，接待来宾要热情周到，体现全县各民族热情好客的传统和品德，给来宾留下良好印象。

（三）综合治理，确保安全。葫芦节前后和葫芦节活动期间，要结合澜沧治安状况，抓住重点，实行综合治理，坚决打击各种违法犯罪，切实改善全县特别是县城治安状况，为葫芦节营造良好的治安环境。同时，采取有力措施，搞好葫芦节活动的安全保卫工作。

三、庆祝活动主要内容

（一）召开二个会议

1. 2013 年 4 月 7 日上午 9：00 在县城葫芦广场召开 2013 年葫芦节庆祝大会，并举行歌舞表演。各部门（县直和省市驻澜）和企事业单位干部职工、各乡（镇）代表、群众代表等参加庆祝大会；邀请国家有关部委、省、市祝贺团，中央、省、市有关领导，县四班子领导，部分离退休老领导，宾客代表，先进人物代表，新闻媒体等参加庆祝大会。

2.2013年4月7日下午15：00在县会议中心二会议室召开拉祜文化研讨会，对《拉祜族大辞典》词条、《拉祜族创世史诗——牡帕密帕》、县博物馆布展方案、县科技馆布展方案进行评审。邀请有关领导、专家、学者和拉祜族代表参加。

（二）举办文艺活动

1.2013年4月6日晚20：00举办迎宾品茗活动。

2.2013年4月7日上午9：00在县城葫芦广场举行庆祝大会暨歌舞表演。

3.2013年4月7日晚20：00至8日凌晨0：00在县城葫芦广场举行民族民间歌舞篝火大联欢。

4.2013年4月8日晚20：00在县城葫芦广场举办山歌大赛及颁奖晚会。由各乡（镇）、各单位负责选送参赛选手，于4月6日前进行预赛，4月8日晚进行决赛及颁奖。

（三）举办二个展览

1.2013年4月6日至10日举办书画摄影展。

2.2013年4月6日至10日举办灯展。

（四）开展民族传统体育项目比赛

2013年4月7日下午、8日下午在县体育场举行陀螺、射弩、荡秋千、爬杆比赛。

（五）出版书籍

1.《澜沧拉祜族自治县志1978~2005》——县志办

2.《今日民族》杂志特刊（澜沧专刊）——县委办公室

3.《澜沧散文选》——县文联

（六）制作光碟

1.专题片：《澜沧60年》——县文化体育和广播电视局

2.音乐光盘：《澜沧之声》——县委宣传部

（七）举办物资交流会暨茶文化活动

2013年4月5日至10日在县城拉祜文化展示中心举办物

资交流会暨茶文化活动。

（八）开展游览观光、摄影活动

2013年4月8日邀请来宾游览惠民景迈芒景千年万亩古茶园及百家饭活动、快乐拉祜唱响的地方（全国十佳魅力新农村酒井老达保）、南岭勐炳野阔袜撒及龙塘古村落。

………

六、工作要求

（一）提高思想认识。举办2013年葫芦节系列庆祝活动，是全县各族人民的一件大事、喜事，事关澜沧对外开放和经济社会发展大局。各乡（镇）、各有关部门（单位）要高度重视，统一思想，明确要求，切实增强做好葫芦节筹备工作的责任感和紧迫感，在人力、物力、财力方面给予保障，真正把本次活动办成团结、和谐、求实、奋进的庆祝盛会。

（二）营造良好氛围。葫芦节活动是对外展示澜沧发展成果的一次大好时机，也是宣传澜沧、推介澜沧的一个有效平台。县委宣传部要牵头制定宣传工作方案，开展形式多样的宣传活动，加强舆论宣传报道，积极营造热烈、喜庆、祥和的节日气氛。各乡（镇）、各有关部门（单位）要组织力量，积极挖掘、收集、整理反映自治县成立以来的辉煌成果的资料和素材，通过广播电视、悬挂横幅、张贴海报、开办专栏等多种渠道和形式，进行广泛宣传，激发广大群众参与活动的热情，提高主人翁意识，为葫芦节成功举办献策出力。

（三）精心组织策划。各工作机构要按照活动内容安排，根据活动总体方案，结合各自实际，尽快制定具体的实施方案，分解落实任务，明确活动形式，细化、量化具体内容。对活动内容的设计要体现时代性、民族性，活动形式的组织要体现多样性、特色性，时间进度要体现一致性、协调性，目标要求要体现准确性、科学性。坚持高标准、严要求，切实把每一个细节考虑周全，把各项工作做精、做细、做实，有计划、有安排，确保事事有人管、件件有着落。

（四）强化工作责任。葫芦节活动内容、任务涉及方方面面、各行各业，需要全社会的广泛参与和支持。各级各部门要树立全县一盘棋的思想，切实加强领导，严明工作纪律，把思想和行动统一到县委、县政府的部署和要求上来，服从和服务于全县工作大局。为保证葫芦节各项活动顺利开展，经县委、县政府研究，决定成立葫芦节活动组委会及指挥部，并下设工作组，各乡镇、各有关部门（单位）也要成立相应的组织机构，确定专人负责，明确各自职责，积极协调配合，形成工作合力，确保葫芦节系列庆祝活动圆满成功。

（五）抓好任务落实。葫芦节活动筹备工作已进入倒计时阶段，时间紧、任务重，各乡镇和各部门（单位）既要鼓足干劲做好当前经济社会发展的各项工作，又要着手计划和精心安排好葫芦节活动的各项任务；既要让人民群众看到自治县成立以来发展的辉煌成就，也要办好惠民实事，让人民群众享受改革和发展的成果。各部门（单位）要抢抓机遇，积极争取项目资金，抓好重点项目建设，倒排工期，倒逼进度，确保按时完工交付使用。要进一步做好城乡环境净化、美化、绿化、亮化工程，尽快出台县城改造规划，通过立面改造、亮点打造等措施，突出民族特色，提升县城品位，以崭新的面貌迎接2013年葫芦节。

《普洱日报》2013年4月8日对活动进行了报道，节选如下：

澜沧拉祜族自治县成立六十周年

4月7日，澜沧拉祜族自治县各族干部群众欢聚在葫芦广场，与来自全国各地的嘉宾一起，热烈庆祝自治县成立六十周年及2013年葫芦节。

全国人大民委、国家民委祝贺团，云南省祝贺团，省级有关部门和高等院校领导以及市领导出席庆祝大会。出席庆祝大会的还有西双版纳、临沧等州（市），我市其他县（区）的党政代表团，云南民族学会拉祜族研究委员会等团体的专家学者，曾在澜沧工作的老领导及知青代表等。

全国人大民委、国家民委祝贺团团长、国家民委办公厅副主任黄耀萍，云南省祝贺团团长、省民委副主任岩秒，普洱市祝贺团团长、市委常委、市委统战部部长黄丽云分别在庆祝大会上讲话。

云南省委、省人大、省政府、省政协等发来了贺电。

黄耀萍说，澜沧拉祜族自治县成立六十年来，取得的辉煌成就，是民族地区沐浴党的民族政策光辉的缩影，充分证明了我们党的民族理论和民族政策的正确和英明，充分体现了我国民族区域自治制度的巨大优越性，充分表明了中国特色社会主义道路是正确处理我国民族问题的根本道路。希望澜沧紧紧抓住国家深入实施西部大开发和"十二五"规划的重大机遇，推进云南桥头堡建设的重大机遇，推进民族团结进步、边疆繁荣稳定示范区建设的重大机遇，谱写澜沧改革发展的新篇章，铸就民族团结进步的新辉煌。

岩秒在肯定了澜沧拉祜族自治县成立六十年来取得的辉煌成就后说，加快少数民族和民族地区经济社会发展，是党的一项基本方针，事关全省改革发展稳定大局。希望澜沧拉祜族自治县在省委、省政府的坚强领导下，深入贯彻党的十八大精神，推进澜沧科学发展、和谐发展、跨越发展，努力建设天蓝、地绿、水清、人富的"美丽澜沧"。

黄丽云表示，市委、市政府将一如既往地关心、支持澜沧的发展，希望澜沧以成立六十周年为重要契机，全面深入落实党的十八大精神，深化落实党的民族政策和民族区域自治制度，推动澜沧经济、政治、文化、社会、生态文明建设"五位一体"

全面发展，不断开创各族人民幸福美好的未来。

据悉，澜沧拉祜族自治县成立六十年来，全县各族人民在党的民族政策指引下，自力更生，艰苦奋斗，团结拼搏，昔日贫穷落后的拉祜山乡发生了翻天覆地的变化，谱写了澜沧经济社会发展的新篇章。2012 年，全县生产总值 39.67 亿元，比 1953 年增长了 428 倍；地方一般财政预算收入 3.64 亿元，比 1953 年增长了 705 倍；财政一般预算支出 25.33 亿元，比 1953 年增长了 3746 倍；社会消费品零售总额 11.4 亿元，比 1953 年增长了 277 倍；全社会固定资产投资 70.83 亿元，比 1953 年增长了 5.1 万倍；城镇居民人均可支配收入增加到 15635 元；农村居民人均纯收入 3089 元，比 1953 年增长 93 倍。糯扎渡电站建成发电，四条二级公路建成通车，澜沧机场即将开工建设。

庆祝大会上还举行了主题为"麻栗花开幸福来"的文艺演出。身着民族盛装的各族群众载歌载舞，共同唱响《拉祜文化兴县》主旋律。

八 2014 年阿朋阿龙尼

2014 年阿朋阿龙尼的活动主题为"澜沧恋·葫芦情"。

澜沧是《芦笙恋歌》诞生和唱响的地方（电影《芦笙恋歌》的主题曲《婚誓》取材于澜沧拉祜族音乐元素），"澜沧恋"寓意澜沧县各族人民对澜沧这块热土的挚爱和眷恋；"葫芦情"既体现拉祜族从葫芦里出来、向着太阳奔去的精神追求和吉祥幸福的美好心愿，又象征着澜沧县各族人民对葫芦的崇拜。

2014 年 3 月 12 日，澜沧县文体广电局、澜沧县民宗局印发了《关于 2014 年葫芦节期间举办系列文体活动的通知》。2014 年阿朋阿龙尼的活动主要包括原创歌舞乐展示、民族民间歌舞传承、非物质文化遗产展示、葫芦荟萃展示、古茶品鉴体验及文化产品展销、民族民间文化习俗展示和体验、自行车竞技比赛等内容。其中，民族民间文化习俗展示和体验有抢新水、竹竿舞、转陀螺和芦笙舞等四个项目。

《普洱日报》2014年4月14日第一版以"葫芦节在低调中蜕变"为题，对2014年阿朋阿龙尼做了报道，摘要如下：

今年的葫芦节变了！澜沧县文体广电局局长周天红说，澜沧县积极贯彻中央八项规定，本着节约办节的宗旨，今年不发邀请函，没有来宾，没有纪念品，任何人都以自愿的形式参与"澜沧恋·葫芦情"系列文体活动。

为了营造全民健身的氛围，借着澜沧县自行车协会成立的契机，澜沧县在节日期间举办了自行车竞技比赛，91名自行车爱好者参加了赛程约10公里的比赛。4月7日晚，澜沧县优秀原创歌舞音乐作品展演，呈现和集中展示了近几年在澜沧县兴起的优秀的原创歌舞乐作品。

4月8日上午和晚上的两场非物质文化遗产成果展演上，来自澜沧县20个乡（镇）157个村和4个社区的文艺队为观众演绎了民间流传和积累的优秀文艺节目，每个乡（镇）浓缩两个最具特色的节目，8个世居民族都在舞台上展示，各乡（镇）文艺队在相互比拼的同时也汲取各自的长处。

作为拉祜族的图腾，葫芦在拉祜族群众的心目中具有神圣的地位。节日期间，为挖掘葫芦的深刻内涵，澜沧县围绕"葫芦"这一主题，开展了摄影、绘画、书法、诗词楹联展览。与此同时，还开展了葫芦、葫芦工艺品、葫芦制作的各类用具以及围绕葫芦形象的各种手工艺品展示，双胞胎葫芦、黑古陶葫芦、一次性水杯葫芦等具有创新性的葫芦作品吸引了众人的眼球。

古茶品鉴体验系列文化产品展销活动贯穿了整个节日。另一个贯穿整个节日的活动就是电影电视剧展播。4月6日至10日，电影《芦笙恋歌》《回到爱开始的地方》在牡帕密帕葫芦广场放映，每天一场。澜沧电视台在节日期间持续播放电视剧《茶颂》以及反映澜沧歌舞乐的电视节目。周天红说，2012年，葫芦广场落成，从2013年初开始，广场上每天都在放映电影《芦笙恋歌》。

"今年更关注群众的所需所求，注重节日期间活动的参与性"，周天红说。"澜沧恋·葫芦情"系列文体活动只是一个缩影，澜沧县倾力打造"拉祜文化"品牌，不断加大对非物质文化遗产的保护。据悉，目前，澜沧县拥有《牡帕密帕》和《芦笙舞》两个国家级"非遗"保护名录项目，国家级传承人3人，省级传承人11人，市级传承人50人。记者看到，葫芦节从官方活动向市场化、企业化、民间化转变，从拉祜族的个体狂欢变成了拉祜族及其他世居民族的集体大狂欢，从单纯的祈福活动变成了传承和纳新的一个包罗万象的节日。

九　2015年阿朋阿龙尼

2015年阿朋阿龙尼由澜沧县文化体育和广播电视局制定方案，活动主题为："中国梦·澜沧恋·葫芦情"。活动包括优秀民族民间歌舞乐荟萃展演，民族民间歌舞传承活动，澜沧县优秀歌手演唱会，杂技之夜（云南省文化厅"文化大篷车·千乡万里行"活动），文化生态之旅（南岭乡勐炳村、酒井乡老达保、惠民镇景迈山、上允镇芒角村芒京和芒那组、富东乡邦崴茶王树和邦崴水库、糯福乡南段村龙竹棚），美术、摄影、书法展，文化产品展示展销，土特产展销和民族美食品鉴，春粑粑习俗展示和比赛，趣味转陀螺比赛，葫芦传情丢包趣味活动，自行车比赛，葫芦工艺精品展示展销，泥塑葫芦现场体验，优秀影视剧展播展演等15项内容。

《澜沧拉祜族自治县2015年阿朋阿龙尼活动方案》节选如下：

阿朋阿龙尼是拉祜族民间的传统节日。拉祜族把葫芦看作是祖先的化身和全民族的吉祥物并把葫芦作为图腾，象征拉祜族从葫芦中走出、向着太阳奔去的精神追求和吉祥幸福的美好心愿。为深入贯彻落实党的十八大和十八届三中、四中全会精神，扎实推进社会主义核心价值体系建设，实现中华民族伟大复兴的中国梦，弘扬和传承澜沧悠久的民族文化，充分展示独特的民俗风情及秀美的自然风光，进一步促进民族团结，促进葫芦产业的发展，特举办 2015 年阿朋阿龙尼活动。

十　2016 年阿朋阿龙尼

2016 年阿朋阿龙尼以实施"拉祜文化名县""建设世界拉祜中心"为目标，以建设"文化澜沧、文明澜沧、活力澜沧、幸福澜沧"为主题，以彰显澜沧民族文化底蕴、体现特色民俗文化为主基调，坚持贴近中心、贴近实际、贴近群众、贴近生活的原则，组织开展活动。

2016 年阿朋阿龙尼由澜沧县文体广电旅游局制定活动方案。

《澜沧县 2016 年阿朋阿龙尼（葫芦节）暨 GMS 商品展销会文体广电旅游活动方案》摘要如下：

二、活动内容

（一）大型风情歌舞诗《牡帕密帕》节目提升展演

（二）山地自行车比赛

（三）民族民间习俗展示

（四）民族民间歌舞乐展演，节目包括：南岭乡《芦笙舞》，竹塘乡《斗牛舞》，南岭乡《芦笙舞》《多声部无伴奏合唱》，糯福乡《神鼓摆舞》，东回镇《拉祜摆舞》，富邦乡《民族服饰展》，糯扎渡镇《哈尼族竹筒舞》，惠民镇《牛腿琴弹唱》、男女山歌对唱、《回族姑娘》，勐朗镇老抗寨《景颇族舞蹈》，上允镇《小佤组合》《上允印象》。

（五）免费品咖啡和古茶

（六）美术书画展

展览内容：山东画家扈鲁捐赠的书画作品 33 幅；澜沧县空山版画中心创作的绝版木刻作品；省内画家创作的书画作品。

（七）旅游宣传推介

（八）《达保兄妹十周年专辑》和《王贵音乐作品》首发

（九）乡（镇）分会场

1.惠民镇景迈芒景景区茶艺表演

2.哈列贾乡村音乐小镇原生态歌舞表演

3.糯福乡南段龙竹棚拉祜神鼓舞表演

4.上允镇芒角村芒京芒那组傣崩手工造纸和土锅制作演示

5.富东乡邦崴茶王树、邦崴水库品古茶活动

6.南岭乡勐炳村原生态芦笙舞表演

第五章

澜沧的葫芦情

澜沧各民族有许多关于葫芦的传说：

拉祜族创世史诗《牡帕密帕》中，厄萨播种葫芦、呵护葫芦、寻找葫芦以及人类的始祖扎迪和娜迪从葫芦里出来；佤族民间神话史诗《葫芦的传说》中"葫芦啊人类的家"；哈尼族神话中，两个葫芦变成了人类的始祖蛮展和蛮嘴；傣族神话中，人从葫芦里出来，生育后代；彝族神话中两兄妹种出葫芦，后来成亲传人种。这些传说的主题都是相同的，即：人类的始祖诞生于葫芦，葫芦是人类的母体。这些传说，反映了各民族的葫芦崇拜和对葫芦的深厚情感。

第一节　触目皆是的"葫芦"

作为一个文化符号，澜沧县各族人民熟知"葫芦"。在澜沧县，无论是办公楼还是小区住宅，无论是街道还是农家小院，触目皆是"葫芦"。

澜沧县人民政府办公楼前矗立的葫芦造型

澜沧县城"牡帕密帕广场"中央矗立的葫芦造型

澜沧县城"街天"（赶集的日子）集市中央雕塑顶端的葫芦造型

澜沧县村（社区）"三委"办公楼及文化活动室 澜沧县环境监测站办公楼上镶嵌的葫芦造型
的葫芦雕塑

澜沧县境交界处的葫芦造型　　　　　澜沧县道路上隔离带中的葫芦造型灯

住宅屋顶上镶嵌的葫芦造型　　　　　拉祜族少女的葫芦头饰

东河乡政府大门上的葫芦造型　　　　2005年4月在"第七届中国普洱茶叶节"上，澜
沧巡游方队彩车的葫芦造型

第二节 生活中无所不在的葫芦

澜沧的葫芦情不仅体现在触目皆是"葫芦",葫芦在日常生活中也是无所不在。

澜沧县内的葫芦分为可食用的甜葫芦和不可食用的苦葫芦两类。苦葫芦主要用于制作芦笙或作为器皿使用。澜沧的自然条件有利于葫芦种植,拉祜族和其他各少数民族往往在自家房前屋后和园圃里种植葫芦,让葫芦自然生长,既美化了环境,又可随时取而用之。

葫芦在日常生活中有多种用途:

用葫芦贮藏作物种子可以防止种子受潮发芽;用葫芦装酒可以保证酒的醇香不散;过去狩猎时用葫芦装火药,既便于携带又可防止受潮。此外,还可作水瓢,在农村地区没有接通自来水时,常常作为取水工具和盛水器皿。在很长时期内,拉祜族男子出门随身带有三个葫芦,分别装水和酒、火药,另外一个即拉祜族芦笙。

在某些地区,拉祜族常常在自家门梁上或栅栏上悬挂葫芦,以祈盼居家平安;把葫芦籽藏在小孩的衣领内可以保佑孩子健康成长。

房屋前的葫芦

用葫芦取水

贮藏作物种子的葫芦

用葫芦装酒

村寨中自然生长的葫芦

栅栏上的葫芦　　　　　　　　　栅栏上的葫芦藤

屋顶上的葫芦　　　　　　　　　备用的葫芦

用葫芦装酒　　　　　　　　　　悬挂在门头上方的葫芦

第六章

葫芦文化及其产业发展的思考

第一节　葫芦文化和葫芦文化产业现状①

一　葫芦文化

从狭义上说葫芦文化是指拉祜族的文化，葫芦是拉祜族的母体，是拉祜族的图腾崇拜，是拉祜族文化的根和源，一切拉祜族的文化都源于葫芦文化。从广义上说葫芦文化不仅仅指拉祜族的文化，它还指佤族、哈尼族、彝族、傣族等民族的葫芦文化。拉祜族创世史诗《牡帕密帕》中说：拉祜族的祖先扎迪娜迪是从葫芦里出来的。天神厄萨造天造地后，感到寂寞，便拿出一颗葫芦籽种在灰堆上，用汗水浇灌，使葫芦发芽、伸藤、开花、结果，然后派小米雀和老鼠把葫芦打开，从葫芦里出来一男一女，男的叫扎迪，女的叫娜迪，后来扎迪娜迪成婚开始传人种。因此，葫芦是"天地之根，生命之源"。于是，葫芦渗透到了拉祜族思想、宗教、文学艺术和生活的方方面面，成为独具特色的拉祜族葫芦文化，世代相传，生生不息。葫芦文化的表现形式主要有：

1. 思想方面

主要体现在对葫芦的图腾崇拜。葫芦被视为是拉祜族的母体和拉祜

---

① 本节及以下内容请参阅澜沧县《拉祜族大辞典》编纂办公室和澜沧县民宗局民族研究所"葫芦文化特色产业调研组"《关于发展葫芦文化特色产业调研的报告》，2015 年 11 月。

族祖先扎迪和娜迪爱情的衣钵，因而是"天地之根，生命之源"。

2. 宗教方面

主要体现在宗教祭祀礼仪，即对厄萨和佛祖创造世间万事万物的顶礼膜拜。

3. 文学艺术方面

主要体现在民间故事、民间诗歌、民间舞蹈、民间器乐方面，如《牡帕密帕》与"种葫芦传人种""拉祜族芦笙"和"拉祜族芦笙舞"等。

4. 生产生活方面

主要体现在生产生活中用葫芦来盛水、盛酒、装粮食种子，以葫芦图形为衣服饰品，用葫芦做建筑装饰品、家庭工艺品、茶饰品等。

二　葫芦文化产业现状

经过对澜沧县木戛乡、富邦乡、竹塘乡、上允镇、东回镇、酒井乡、惠民镇、糯扎渡镇、勐朗镇等 15 个乡镇的哈卜玛村、勐糯村、南六村、佤朗村、赛罕村、大塘子村、南洼村、班利村、阿永村、税房村、勐根村、旱谷平村、勐矿村、雅口村、窑房坝村、扁担山村、唐胜村、南甸村等 22 个村和村民小组的调研，澜沧县境内的葫芦文化产业现状如下：

1. 葫芦种植

目前，澜沧县葫芦种植主要是农户零星种植，仅仅是农户在房前屋后的园圃边自种自用。稍微种植得多一点的是木戛乡南六村，种植也不过二三亩。并且，种植的品种也只是苦葫芦和甜葫芦两种，苦葫芦主要用于制作芦笙和家用器皿，甜葫芦主要是食用。

2. 芦笙制作

芦笙制作各地因人而异，没有统一的制作标准。目前，澜沧县芦笙制作得较多的是木戛乡南六村的芦笙传承人李扎体，他每年制作芦笙一千把左右，销往附近乡镇，也有临沧市双江等县的拉祜族来定做。

芦笙是拉祜族的传统乐器，分长芦笙和短芦笙两种，长芦笙有一米左右长，短芦笙仅几厘米长。拉祜族的芦笙舞有 100 多个动作套路，分祭祀礼仪舞、生产生活舞、模拟动物舞和娱乐舞等，2008 年被列入《第二批国家级非物质文化遗产名录》。

3. 文化旅游

民族文化旅游是新兴产业。20 世纪 90 年代，澜沧民族文化旅游开始起步，县委宣传部在勐朗镇勐滨村松山林村民小组（拉祜族村寨）建立了文化示范点，通过该村向外展示拉祜文化，带动了该村拉祜族服饰业、挎包编织业等的发展，其产品远销缅甸等国。

2003 年，中共澜沧县委、澜沧县人民政府提出了"拉祜文化兴县"战略，2009 年正式出台了"整体推进拉祜文化兴县实施方案"，2013 年，进一步提出"拉祜文化名县"战略，澜沧的拉祜文化有了空前的发展，使全县各族干部群众对拉祜文化带动经济发展有了统一的认识。县委、县政府规划了县城"一轴四景"的民族文化旅游路线，一轴：以拉祜风情园、扎娜惬阁、拉祜文化展示中心（葫芦广场）和拉祜文化主题公园为主轴；四景：指拉祜文化展示中心（葫芦广场）、拉祜风情园、扎娜惬阁、拉祜文化主题公园四个景点。

围绕绿色旅游环线打造景迈芒景千年万亩古茶园和惠民旅游小镇，以及酒井老达保"拉祜族乡村音乐"、南岭勐炳"野阔拉祜"、富邦佧朗"拉祜族编织之乡"、木戛勐糯"拉祜族芦笙吹响的地方"、东回班利"拉祜族摆舞之乡"、糯福南段"拉祜族神鼓敲响的地方"六个国家级非物质文化遗产名录项目《牡帕密帕》的传承保护基地，其他民族的 11 个文化传承保护基地也相继建成。目前，澜沧民族文化旅游产业已成为带动农民增收的新的经济增长点，如景迈芒景古茶产业和旅游业已名扬海内外，酒井老达保"拉祜族乡村音乐"已迎来四面八方慕名而来的游客，南岭勐炳"野阔拉祜"正成为拉祜族创世史诗《牡帕密帕》的神话故事乐园，拉祜文化展示中心（葫芦广场）和拉祜风情园已成为澜沧各族群众文化生活的一部分。

第二节　发展葫芦文化特色产业的条件

一　自然条件

澜沧县大部分土质、土壤、气候都适合种植葫芦。澜沧县地处横断山脉怒山山系南段，地势西北高，东南低，五山六水纵横交错，最高海拔2516米（谦六麻栗黑山），最低海拔578米（糯扎渡镇勐矿村），立体气候明显，98%属山区、半山区。从葫芦生长的条件看，除了高寒山区外都可以种植，所调查的乡（镇）大部分都是山区、半山区和坝子河谷地带，都有种植葫芦的历史。坝子河谷地带和交通沿线的乡镇适合连片种植，打造葫芦基地。山区、半山区可发动各族群众各家各户种植葫芦。因此，在澜沧县发展葫芦种植产业的自然条件极为优越。

二　人文条件

葫芦是澜沧县各民族心目中的吉祥物，象征吉祥、和谐、幸福。澜沧县各民族对葫芦都关爱有加，有的制作成心爱的乐器，如拉祜族、佤族、哈尼族、彝族的芦笙和傣族的葫芦丝，用芦笙、葫芦丝优美动听的声音和舞曲来表达喜悦的心情；有的制作成吉祥物馈赠亲朋好友或制作成能够驱灾辟邪的家庭装饰品；有的把它当作日常生活用品，在生产生活中广泛使用。

澜沧县拉祜族崇拜葫芦，是因为葫芦是拉祜族的母体，是拉祜族的图腾崇拜。拉祜族的创世史诗《牡帕密帕》说，拉祜族的祖先扎迪娜迪是从葫芦里出来的。因此，拉祜族的祖先在漫长的历史长河中和葫芦结下了不解之缘，把葫芦视为"天地之根，生命之源"，流传有许多与葫芦有关的民间神话和传说故事，因而葫芦文化是拉祜族的文化之根和文化之源。

澜沧县八个世居少数民族，有六个拥有自己民族的葫芦文化，虽然内容各有表述，但都把葫芦视为心目中的吉祥物加以崇拜，都认为葫芦是人类的母体。因此，在澜沧发展以拉祜族葫芦文化为主的特色产业，具有广泛的民族基础和民族认同感，有着丰富的人文资源。

第三节　葫芦文化特色产业发展总体思路

联系澜沧县实际，葫芦文化特色产业应该包括几个方面：一是旅游产业；二是芦笙工艺加工制作销售产业；三是葫芦种植产业；四是建筑建材装饰产业；五是文学艺术和影视产业。发展这五个产业的总体思路如下：

一　建一座葫芦文化主题园

目前，澜沧县旅游业正值发展的黄金时期，景迈芒景千年万亩古茶山旅游、老达保"拉祜族乡村音乐"旅游方兴未艾，名扬天下。但是，县城的"一轴四景"建设，除"拉祜风情园"外，存在着主题不明显、定位不准确的问题。现在，澜沧机场建设也已经进入快车道，因此，依托景迈芒景千年万亩古茶山旅游、老达保"拉祜族乡村音乐"旅游两个点，把澜沧县城建设成为一个民族文化浓郁的生态的"旅游县城"已具备条件，其设想是：

1.建一座"天下葫芦"博览馆

"天下葫芦"博览馆，占地1000—2000平方米左右，与"拉祜风情园"配套，其功能是集中展示"天下葫芦"之精品以及拉祜族与其他民族的葫芦文化之大成，是澜沧县城旅游标志性建筑，与"拉祜风情园""世界拉祜文化展示中心"（葫芦广场）和民族博物馆、科技馆相衔接，使其成为游客到澜沧必看的一个景点，成为弘扬民族葫芦文化的精神家园。

2. 建一个"天下葫芦"高科技葫芦种植观赏园

"天下葫芦"高科技葫芦种植观赏园，占地100—200亩，建在"拉祜风情园"西边，依托高科技，借鉴云南昆明"世界园艺博览园"的做法，培育天下各种奇形异性的葫芦产品，其目的：一是吸引游客参观，观赏种植园的天下葫芦；二是为葫芦工艺加工制作销售产业提供原材料。

3. 建一座"天地之根，生命之源"主题葫芦雕塑

"天地之根，生命之源"主题葫芦雕塑是体现葫芦文化的主要方式。因为，葫芦不仅是拉祜族的母体，还是佤族、哈尼族、彝族、傣族、布朗族等民族神话传说中的人类生命之源，建一个大型葫芦雕塑，能获得民族认同感。因此，应该把"天地之根，生命之源"主题葫芦雕塑建成为澜沧县的象征性雕塑。

4. 建一座《牡帕密帕》故事风情雕塑园

目前，拉祜风情园已经建了多座以拉祜族雕塑为主体的八种世居少数民族的雕塑和独具特色的八种世居民族的民居馆，在此基础上，进一步完善其设施，增建部分拉祜族《牡帕密帕》故事雕塑，增建佤族、哈尼族、彝族、傣族、布朗族葫芦传说的雕塑，将其打造成为普洱乃至中国最具边疆少数民族特色的神话传说故事风情雕塑园。

5. 建一个葫芦民族生活休闲广场

目前，拉祜文化展示中心（葫芦广场）已经成为澜沧人的一个集会、娱乐的地方，也是澜沧县城的一个新亮点。但是，拉祜文化展示中心（葫芦广场）其功能主要是歌舞娱乐、大型群众集会。因此，建议建一个以生活休闲为主题的广场，以此来提高澜沧县城的城市品位。广场包括：绿化（以四季开花的树种为主）、雕塑（民族大团结组雕）、喷泉、休闲座椅、花园、《牡帕密帕》大型红米石雕文化墙、文化柱（与文化墙配套建12棵大型文化柱，代表一年12个月、12个生肖属相、12对扎

迪娜迪的儿女）等。

二　芦笙工艺加工制作销售产业

木戛乡南六村是澜沧县拉祜族芦笙的主要产地，有省级非物质文化遗产芦笙制作传承人，每年向全县和普洱市孟连县、临沧市双江县和西双版纳等周边地区制作加工销售芦笙1000把左右。因此，应该重点扶持木戛乡南六村芦笙工艺加工制作销售产业，其思路是：

1.把南六村芦笙工艺加工制作销售产业纳入整村扶贫开发项目，给予财政、无息贷款等扶持；

2.以家庭为单位发展芦笙工艺加工制作销售产业，通过芦笙制作传承人的传帮带，使南六村每户至少一至两人学会制作芦笙，成为南六村拉祜群众增收的项目；

3.把南六村芦笙工艺加工制作销售产业纳入文化惠民工程，向省市申报"文化产业示范村"项目。

三　葫芦种植产业

木戛乡勐糯村是国家级非物质文化遗产《牡帕密帕》传承保护基地之一，被县委、县政府命名为"拉祜族芦笙吹响的地方"。建议将勐糯村打造成葫芦种植产业基地。其思路是：

1.规划200亩的葫芦种植基地，主要种植苦葫芦和甜葫芦两种。苦葫芦用于制作芦笙，甜葫芦用于葫芦饮食；

2.规划种植50亩泡竹，用于制作芦笙的笙管；

3.规划种植50亩金竹，用于制作芦笙簧片。

勐糯村种植的葫芦、泡竹、金竹主要是为南六村的芦笙制作提供原料。

四　建筑建材装饰产业

澜沧是个以拉祜族为主体民族的自治县，除主体民族拉祜族外，还生活着佤族、哈尼族、彝族、傣族、布朗族、景颇族、回族等七个世居少数民族，应当把葫芦文化纳入城市建筑风格设计中，县人大常委会已经颁布实施的《云南省澜沧拉祜族自治县民族民间传统文化保护条例》明确规定：自治县房屋建筑应当体现民族特色。这为发展葫芦文化建筑建材装饰产业提供了法律保障。其思路是：

1. 对县城分批实施"穿衣戴帽"工程。本着先易后难的原则，对县城勐朗大街、建设路、东朗街两侧房屋进行外立面装饰，以拉祜族为主体，体现拉祜族、佤族、哈尼族、彝族、傣族、布朗族、景颇族、回族等八个世居民族的民族建筑风格；

2. 改扩建沿街各单位大门。以拉祜族的特色民族风格大门为主，体现拉祜族、佤族、哈尼族、彝族、傣族、布朗族、景颇族、回族八个世居民族的民族特色，使其成为澜沧城市建筑的一道景观。

五　文学艺术和影视产业

在发展葫芦文化特色产业中，对文学艺术和影视产业的发展做出中长期规划。澜沧拉祜族虽然有电影《芦笙恋歌》和歌曲《婚誓》，但没有形成产业，其根本原因就是缺少发展文学艺术和影视产业的意识。澜沧作为拉祜族自治县，有着得天独厚的民族文化资源，应该把文学艺术和影视作为产业来培育发展。其思路是：

1. 拍摄一部《牡帕密帕》动画片，让世界了解拉祜族葫芦文化，了解澜沧；

2. 拍摄一部反映拉祜族历史题材的电影；

3. 拍摄一部反映拉祜族现代生活题材的 30 集电视剧；

4. 出版一批拉祜族历史著作和描写拉祜族的文学著作；

5.转变观念，把文学艺术和影视产业上升到与第一产业、第二产业同等的地位加以培育和发展。让一本书、一首歌、一部电影电视带动旅游业及相关产业的发展，让澜沧成为真正的民族文化产业大县。

第四节　发展葫芦文化特色产业的措施

一　科学规划、精心组织

按照总体思路，制定实施方案。

1.制定《澜沧县葫芦文化特色产业发展规划》；

2.做好"葫芦文化主题园"——"天下葫芦博览馆""天下葫芦高科技葫芦种植观赏园""'天地之根，生命之源'主题葫芦雕塑""《牡帕密帕》故事风情雕塑园"和"葫芦民族生活休闲广场"的规划设计；

3.出台《芦笙工艺加工制作销售产业发展管理办法》《葫芦种植产业发展管理办法》《建筑建材装饰产业发展管理办法》《文学艺术和影视产业发展管理办法》等；

4.采用集中连片种植和分散种植两种相结合的办法，按照"公司＋基地＋农户"的模式，发展葫芦种植业。

在县委、县政府的正确领导下，成立"澜沧县葫芦文化特色产业开发领导小组"，由县委和县政府主要领导挂帅，分管领导具体负责抓落实，财政局、发展改革局、工商局、民宗局及下属民族研究所、文化体育广播电视旅游局、城乡建设局及下属规划局、农业科学技术局及勐朗镇、木戛乡等单位为成员。领导小组办公室设在文化体育广播电视旅游局。

二　加大投入、引入人才

设立专项财政资金投入葫芦文化产业。

制定优惠政策，积极吸收和引进资金及技术人才，鼓励有实力、有技术的企业投资开发葫芦文化产业。高度重视葫芦文化产业队伍建设。

发展葫芦文化特色产业在澜沧具有民族广泛性和民族认同感，葫芦不仅是拉祜族的母体和图腾崇拜，同样是佤族、哈尼族、彝族、傣族、布朗族等民族认同的人类母体和图腾崇拜。发展葫芦文化特色产业能增强民族大团结，能推动城市面貌和市民居住环境大改善，能推动旅游业的大发展，能促进民族文化的大繁荣，能提高国际国内的知名度和形象品牌；发展葫芦文化特色产业，符合中共澜沧县委、澜沧县人民政府提出的"拉祜文化名县"的发展战略，符合全县各族人民的发展愿望，它将进一步丰富拉祜文化的内涵，进一步推进民族文化旅游业等相关产业的发展。

附录

附录一

关于拉祜族节日的通知

澜沧拉祜族自治县人民代表大会常务委员会文件
澜人发〔1992〕8号

县人民政府：

你们《关于确定拉祜族"阿彭阿隆尼"的报告》已收悉，经1992年8月7日县第九届人民代表大会常务委员会第十七次会议审议通过。现将《澜沧拉祜族自治县人大常务委员会公告》印发给你们，请贯彻执行。

附：《澜沧拉祜族自治县人大常务委员会公告》。

一九九二年八月七日
人民代表大会常务委员会

主题词：拉祜族　节日　通知

抄报：思茅地区人大工委民族法制处、行署民族事务委员会、省人大民族委员会、省人大常委会办公厅、省政府民族事务委员会。

抄送：县委办公室、县政协办公室、各拉祜族居住县人大常委会、省广播电台拉祜语播音组、云南民族学院民语系拉祜语班、思茅报社、

澜沧报社、县人民法院、县人民检察院。（共印 200 份）

澜沧拉祜族自治县人大常委会办公室

一九九二年八月七日印发

附：澜沧拉祜族自治县人大常务委员会公告

澜沧拉祜族自治县第九届人民代表大会常务委员会第十七次会议根据县人民政府的提议，于 1992 年 8 月 7 日决定：每年（农历、下同）10 月 15、16、17 日为拉祜族的"阿彭阿隆尼（即葫芦节）"，自 1992 年 10 月 15 日起施行。

特此公告。

澜沧拉祜族自治县人民代表大会常务委员会

一九九二年八月七日

关于确定澜沧拉祜族节日的通知

澜沧拉祜族自治县人民政府文件

澜政发〔1992〕35 号

各乡、镇人民政府，县直各委、办、局：

拉祜族是我国五十五个少数民族之一，有着自己悠久的传统文化。我县是全国唯一的拉祜族自治县，在党和政府的领导下，随着经济文化的发展和对外改革开放的深入，拉祜族人民的自尊心、自信心和自立于世界民族之林的意识逐渐增强，对于本民族的传统文化日益重视，广大拉祜族人民迫切希望有一个自己独特的民族节日。为尊重拉祜族人民的意愿，进一步弘扬民族文化，促进民族经济、文化的发展，根据《中华人民共和国宪法》关于"各民族都有保持或者改革自己风俗习惯的自由"的规定和党和政府关于民族平等、团结的政策原则，以及恢复建立民族节日的精神，县人民政府向县人大常委会提交了《关于确定拉祜

族"阿朋阿龙尼（葫芦节）"的报告》，经 1992 年 8 月 7 日县第九届
人民代表大会常务委员会第十七次审议通过，决定每年农历十月十五、
十六、十七日为拉祜族的"阿朋阿龙尼（汉语即葫芦节）"，节期定为
三天。节日期间全县干部职工放假三天，共同欢度"阿朋阿龙尼"。自
一九九二年起实行。

拉祜族节日的确定，是党和政府对拉祜族人民的关怀。首次"阿朋
阿龙尼"在即，望各乡镇各部门认真安排，欢度好这一佳节。

一九九二年九月二十二日
澜沧拉祜族自治县人民政府

主题词：节日　拉祜族　通知

报：思茅行署

送：县委各部门、县人大常委办公室、县政协办公室、县纪委、县
法院、检察院、地区民委，澜沧汽车站，澜沧铅矿，沧盟养护段，县长、
副县长。

（共印 110 份）

澜沧拉祜族自治县人民政府办公室
一九九二年九月二十三日印发

澜沧拉祜族自治县人民代表大会常务委员会
关于报批拉祜族"阿朋阿龙尼"的报告

澜沧拉祜族自治县人民代表大会常务委员文件
澜人社〔1992〕11 号

云南省人民代表大会常务委员会：

拉祜族是我国五十五个少数民族之一，有着自己悠久的传统文化。
解放以来，特别是党的十一届三中全会以来，在党和政府的领导下，随

着拉祜地区政治、经济、文化等各项事业的发展，拉祜族人民的自尊心、自信心和自立于世界民族之林的意识逐渐增强，对于本民族的传统文化日益重视，广大拉祜族人民迫切希望有一个独立统一的民族节日。我县是全国唯一的拉祜族自治县，完全应当反映拉祜人民的这一合理愿望。根据我国宪法"各民族都有保持或者改革自己风俗习惯的自由"的规定，在澜沧拉祜族自治县拉祜族干部群众和知识分子意见的基础上，于一九九二年八月七日向县第九届人民代表大会常务委员会第十七次会议提出了《关于确定拉祜族"阿朋阿龙尼"的报告》，会议经过审议表决，一致同意每年农历十月十五日至十七日为拉祜族的"阿朋阿龙尼"（即葫芦节）。现将我们确定拉祜族"阿朋阿龙尼"的理由报告如下：

一、"阿朋阿龙尼"是根据拉祜族著名创世史诗《牡帕密帕》中的传说确定的。它以神话传说的方式，叙述和描写了拉祜族在古代与大自然艰苦斗争的情形和对宇宙、人类起源的热情探求，表现了拉祜族悠久的传统文化和蓬勃向上的气质。史诗中说：厄莎（万物之主）造完天地日月后，又种葫芦造人，葫芦十月成熟，农历十月十五日那天，世间第一对男女，即扎迪和娜迪（"迪"就是头一个、独一个的意思）从葫芦里出来，从此，世上才有了人类。故，拉祜干部群众和知识分子都要求把这一天作为自己民族的特有节日。

《牡帕密帕》中关于人类是葫芦后代的传说，反映了葫芦与拉祜族人民生产生活的密切关系。葫芦易种用途广，干葫芦可用来做容器，拉祜人常用它来汲水、装酒、装粮食、种子和火药；用它保存的粮食、种子、火药既便于携带，又防霉防潮，不会被老鼠吃；用干葫芦做的芦笙，是拉祜人最喜爱的传统民间乐器，拉祜人逢年过节、生产劳动、婚姻恋爱、盖房建寨乃至登程上路都离不开它，学吹芦笙是拉祜男子必修的人生课程。所以说，葫芦是拉祜人民的宝，是拉祜族的象征和图腾。在今年中国第三届艺术节上，葫芦被指定为拉祜族的吉祥物，受到了拉祜族人民的一致拥护。显然，把每年农历十月十五日拉祜族的诞辰日定为"阿朋阿龙尼"，是比较恰当的。

二、确定"阿朋阿龙尼",有利于弘扬拉祜族的传统文化,增进各民族间的相互了解和团结,但因活动不统一,规模小,加上交通闭塞,生产力水平低下,经济文化落后,同各兄弟民族交往不多,互相了解少,因而知名度不高,有的连拉祜族的族称都还不知道。"阿朋阿龙尼"确定后,通过广泛统一的宣传活动,将会逐渐改变这种状况。

此外,每年十月正值拉祜山乡天高气爽,且已进入农闲季节,各种手工艺品、农副产品大量上市,经济贸易进入旺季,可通过"阿朋阿龙尼"这一民族节日形式,开展各种经贸活动,促进少数民族地区改革开放和经济文化等各项事业的全面发展。

三、确定"阿朋阿龙尼",有利于提高拉祜族的文化层次,拉祜族的各种传统文化活动,过去都散在各种传统节日之中,而且各地做法不一,不易发展和提高。"阿朋阿龙尼"以国家法律形式固定下来后,通过有计划地统一活动,如着某种盛装、抢包头、拴红线、丢包、围猪(仪式)、打靶、射弩、打陀螺、打秋千、舂粑粑、跳芦笙和举行拉祜餐宴等等,弘扬民族文化,推动拉祜族各项传统文化向着更高文化层次发展和提高。统一的"阿朋阿龙尼",将会逐步形成具有拉祜族传统和现代文化结合的更高层次的拉祜族饮食文化。

拉祜族历来有"姑娘不到十八不嫁,不到十月不结婚"之说。农历十月,是拉祜族青年男女纷纷举行婚礼的黄金时期。在这个时间里,恋爱成熟了的拉祜男女都按传统结婚,节日期间,可以利用各种活动的机会,宣传党的路线、方针、政策和国家的法律、法令;宣传拉祜族的好传统,使拉祜族中诸如早婚、近亲结婚等严重阻碍民族素质提高的种种陈规陋习逐步得到克服,加强社会主义精神文明建设。

总之,确定每年农历十月十五至十七日为拉祜族的"阿朋阿龙尼",是广大拉祜族干部群众和知识分子的迫切愿望,也是一项十分有意义的工作。这个节日,具有独特的民族性和群众性,根据党的民族平等和民族团结的政策以及恢复建立民族节日的精神,我们要求省人大常委会给予批准。

附件：澜沧拉祜族自治县人民代表大会常务委员会公告

澜沧拉祜族自治县人民代表大会常务委员会

一九九二年九月二十八日

主题词：民族　拉祜族　节日　报告

抄报：思茅地区人大工作委员会、县委

抄送：县政府办公室、县政协办公室、县纪委办公室、县委、县文化局、县人民法院、县人民检察院。

澜沧拉祜族自治县人民代表大会常务委员会办公室

一九九二年九月二十九日

云南省人民代表大会常务委员会办公厅 "云人办函字〔1992〕56号"文

澜沧拉祜族自治县人民代表大会常务委员会：

报来的"关于报批拉祜族'阿朋阿龙尼'的报告"收悉。

关于你县拉祜族的民族节日，由你县根据拉祜族人民的意愿，自行确定即可。不必报省人大常委会审批。

云南省人大常委会办公厅

一九九二年十月二十六日

关于调整我县"葫芦节"过节时间的建议

澜沧拉祜族自治县旅游局

澜沧拉祜族自治县民族宗教事务局　　文件

澜沧拉祜族自治县文化体育局

澜旅联发〔2004〕1号

县人民政府:

　　我县是全国唯一的拉祜族自治县,民族风情多姿多彩,葫芦是拉祜族的吉祥物和生活中的亲密伴侣,传说拉祜族祖先是从葫芦里诞生的,为纪念这一神圣的日子,1992年8月7日,县第九届人大常委会第十七次审议通过在每年的农历十月十五、十六、十七日为拉祜族"阿朋阿龙尼",即"葫芦节",把"葫芦节"以法定形式固定下来。

　　12年来,我县每年以不同的方式举办"葫芦节"庆典,"葫芦节"已成为我县继春节后的第二大节庆,对促进我县民族团结、边疆稳定、经济发展起到了重要作用,是我县各族人民交流、融合的重要桥梁。随着时代的发展,各种情况的不断变化,为了更好地挖掘、宣传、开发拉祜文化,将我县的"葫芦节"与西盟、孟连的"木鼓节""神鱼节"连接起来,建议县人民政府将我县一年一度的"葫芦节"调整到每年的4月7、8、9日举办,建议理由如下:

　　1.为建设民族文化大省、旅游经济强省,省人民政府确定从1999年开始,在每年的4月举办中国昆明国际文化旅游节,各地(州)、市、县依据各自情况申报设立分会场。因我县可利用我省举办昆明国际旅游节为契机,申报拉祜文化旅游节分会场,与"葫芦节"同步举办,对宣传促销我县拉祜文化及旅游业效果将更好。

　　2.临近的西盟县已确定在每年4月11、12、13日举办"木鼓节",孟连确定在4月13、14、15日举办"泼水神鱼节",从举办的情况来看,效果不错,将我县"葫芦节"调整在4月7、8、9日举办,边三县联动宣传打造将更具影响力，更有助于扩大商品交流。

3."葫芦节"在 11 月举办，年终是各单位、各部门最为繁忙的时候，从历年的经验来看，由于时间紧张，节庆活动组织准备不是很充分。直接影响到每年"葫芦节"的办节规模和质量。

4.我县县庆是 4 月 7 日，每年都要举办庆祝活动，"葫芦节"与县庆共同举办，不但可以避免自己重复投入，节约财政支出，而且可以举全县之力，提高节庆的规模的档次，实行两节联办，有助于宣传我县拉祜文化，扩大对外开放的力度，提高澜沧知名度，符合我县"拉祜文化兴县"的发展战略。

基于以上原因，建议县人民政府将我县"葫芦节"举办时间调整到 4 月 7、8、9 日（阳历）三天，望县人民政府给以研究！

澜沧拉祜族自治县旅游局

澜沧拉祜族自治县民族宗教事务局

澜沧拉祜族自治县文化体育局

二〇〇四年六月二十六日

主题词：调整　葫芦节　过节时间　建议

澜沧拉祜族自治县旅游局办公室

2004 年 6 月 26 日印发

云南省人民代表大会常务委员会关于批准《云南省澜沧拉祜族自治县民族民间传统文化保护条例》的决议

（2012 年 3 月 31 日云南省第十一届人民代表大会
常务委员会第三十次会议通过）

云南省第十一届人民代表大会常务委员会第三十次会议审议了《云

南省澜沧拉祜族自治县民族民间传统文化保护条例》，同意省人大民族委员会的审议结果报告，决定批准这个条例，由澜沧拉祜族自治县人民代表大会常务委员会公布施行。

澜沧拉祜族自治县人民代表大会常务委员会公告

(2012 年 6 月 15 日澜沧拉祜族自治县第十三届人民代表大会
常务委员会第三十次会议审议通过)

《云南省澜沧拉祜族自治县民族民间传统文化保护条例》于 2012 年 1 月 12 日澜沧拉祜族自治县第十三届人民代表大会第五次会议通过，2012 年 3 月 31 日云南省第十一届人民代表大会常务委员会第三十次会议批准，现予以公布，自 2012 年 7 月 1 日起施行。

澜沧拉祜族自治县人民代表大会常务委员会

二〇一二年六月十五日

澜沧拉祜族自治县第十三届人民代表大会
第五次会议关于《云南省澜沧拉祜族自治县民族民间
传统文化保护条例》的决议

(2012 年 1 月 12 日澜沧拉祜族自治县第十三届人民代表大会
第五次会议审议通过)

澜沧拉祜族自治县第十三届人民代表大会第五次会议，审议通过了《云南省澜沧拉祜族自治县民族民间传统文化保护条例》。会议认为，制定《云南省澜沧拉祜族自治县民族民间传统文化保护条例》，坚持以邓小平理论和"三个代表"重要思想为指导,体现了贯彻落实科学发展观,符合《中华人民共和国宪法》《中华人民共和国民族区域自治法》和有关法律法规的规定，符合澜沧"改革开放活县、绿色经济强县、科技人才兴县、拉祜文化名县、和谐社会建县"发展战略的需要。该条例的制定，为保护、传承和弘扬民族民间优秀传统文化，培植民族文化产业，促进民族民间传统文化与经济社会协调发展，构建和谐澜沧将发挥重要作用。经大会表决，出席本次会议的县人大代表一致通过，同意上报云南省人民代表大会常务委员会批准后公布施行。

云南省澜沧拉祜族自治县民族民间传统文化保护条例

（2012 年 1 月 12 日云南省澜沧拉祜族自治县第十三届人民代表大会第五次会议通过 2012 年 3 月 31 日云南省第十一届人民代表大会常务委员会第三十次会议批准）

第一章 总 则

第一条 为了保护、传承和弘扬民族民间优秀传统文化，培育民族文化产业，促进经济社会协调发展，根据《中华人民共和国民族区域自治法》《中华人民共和国非物质文化遗产法》等有关法律法规，结合澜沧拉祜族自治县（以下简称自治县）实际，制定本条例。

第二条 在自治县行政区域内活动的单位和个人，应当遵守本条例。

第三条 本条例所称的民族民间传统文化，是指自治县行政区域内以拉祜文化为主的各民族民间优秀传统文化。

第四条 下列民族民间传统文化受本条例保护：

（一）各民族的语言文字；

（二）具有代表性的民族民间文学、艺术、体育、节庆等；

（三）集中反映各民族生产生活习俗的传统服饰、器具、制造工艺和饮食等；

（四）具有学术、历史、艺术价值的手稿、经卷、典籍、文献、图片、谱牒、碑碣、楹联等；

（五）具有拉祜族、佤族、哈尼族、彝族、傣族、布朗族、回族、景颇族等民族特色的村寨和建筑物、构筑物；

（六）国家、省、市、县认定的民族民间传统文化传承人和传承单位及其所掌握的知识和技艺；

（七）国家、省、市、县认定的文物古迹；

（八）扎娜惬阁、葫芦广场、拉祜风情园、拉祜哦礼爹阁、景迈芒景千年万亩古茶园、邦崴千年古茶树王、茶马古道糯扎渡等。

第五条　自治县民族民间传统文化保护工作坚持保护为主、抢救第一、合理利用、传承发展的方针，促进民族民间传统文化与经济社会协调发展。

第六条　自治县人民政府应当将民族民间传统文化保护纳入国民经济和社会发展规划，保护经费列入本级财政预算。

第七条　自治县人民政府文化主管部门负责本行政区域内民族民间传统文化的保护工作，其主要职责是：

（一）宣传贯彻执行有关法律法规和本条例；

（二）会同有关部门制定民族民间传统文化保护、开发利用规划，报自治县人民政府批准后组织实施；

（三）配备和完善公共文化服务设施、设备；

（四）整理、上报民族民间传统文化保护名录；

（五）培养和发掘民族民间传统文化传承人、传承单位，并负责业务指导；

（六）组织开展民族民间传统文化资源的调查、收集、抢救、整理、出版、研究等工作，并建立健全档案和相关的数据库；

（七）管理民族民间传统文化保护经费。

第八条　自治县人民政府的发展改革、教育、民族宗教、公安、财政、国土资源、环境保护、住房城乡建设、交通运输、工商等有关部门，应当按照各自的职责做好民族民间传统文化的保护工作。

乡（镇）人民政府应当做好本行政区域内民族民间传统文化的保护

工作。

村民（社区）委员会应当协同做好本辖区内民族民间传统文化的保护工作。

第九条　自治县人民政府对在民族民间传统文化保护和传承工作中做出显著成绩的单位和个人，应当给予表彰奖励。

第二章　保护与管理

第十条　自治县人民政府应当采取措施，加强对具有各民族特色建筑风格的建筑物和构筑物的保护管理。

城乡规划建设应当体现当地民族建筑风格，公共场所、主要街道、公路沿线新建、改（扩）建的永久性建筑物、构筑物，应当体现当地民族特色，其建筑设计方案在审批前应当征得文化主管部门同意。

第十一条　自治县人民政府认定保护的民族民间传统文化资料和实物，未经文化主管部门批准，任何单位和个人不得用于经营性活动。

第十二条　自治县人民政府应当加强对传统民居、古建筑物、民族文化博物馆、传承馆、特定活动场所和标识的保护管理。禁止任何单位和个人侵占、损毁；对年久失修的，应当修缮、维护。

第十三条　境外组织或者个人在自治县行政区域内进行民族民间传统文化考察、搜集、采访、整理和研究活动，应当经自治县人民政府文化主管部门审核，并按有关规定报批。

在自治县行政区域内进行前款规定的活动，应当尊重当地少数民族风俗习惯，不得损害当地群众利益、破坏民族团结。

第十四条　自治县认定的具有重要历史、艺术、科学价值的各民族民间传统文化资料和实物，未经自治县人民政府批准，不得出境。

第三章　开发与利用

第十五条　自治县人民政府应当制定优惠政策，鼓励单位和个人投资开发利用民族民间传统文化资源，并在土地利用等方面给予倾斜，保障投资者的合法权益。

第十六条　自治县鼓励单位和个人开发下列民族民间传统文化项目，发展民族民间传统文化产业。

（一）开发、生产具有民族特色的传统工艺品、服饰、器具等产品；

（二）挖掘、整理、创作和拍摄具有民族和地方特色的文艺、影视作品；

（三）开发具有民族和地方特色的传统饮食；

（四）建立自治县民族民间传统文化网站；

（五）建设具有民族民间传统文化特色的民居、场所等。

第十七条　自治县人民政府鼓励单位和个人将其拥有的民族民间传统文化资料或者实物，捐赠给国家的收藏和研究机构，并发给证书和给予奖励。

征集属于私人或者集体所有的民族民间传统文化资料或者实物时，应当坚持自愿的原则，合理作价，并由征集部门发给证书。

第四章　认定与传承

第十八条　自治县人民政府文化主管部门应当会同民族宗教等有关部门编制民族民间传统文化保护名录，报上级文化主管部门批准后，由自治县人民政府公布。

列入自治县民族民间传统文化保护名录的，由文化主管部门命名传承人或者传承单位。

第十九条　符合下列条件之一的，可以申请命名为民族民间传统文化传承人：

（一）熟练掌握本民族民间文化传统技艺，在当地有较大影响或者被公认为技艺精湛的；

（二）掌握和保存一定数量民族民间传统文化的原始文献和其他资料、实物的。

第二十条　符合下列条件之一的，可以申请命名为民族民间传统文化传承单位：

（一）对民族民间传统文化有研究成果的；

（二）经常开展民族民间传统文化活动的；

（三）收藏、保存一定数量民族民间传统文化资料或者实物的；

（四）历史悠久、民族建筑风格突出、特色鲜明、民风淳朴、自然生态环境保存完好的民族村寨。

第二十一条　民族民间传统文化传承人和传承单位的认定，由自治县人民政府文化主管部门会同民族宗教部门组织有关专家评估审核，报自治县人民政府批准后授予证书和匾牌，并报上级文化主管部门备案。

第二十二条　民族民间传统文化传承人、传承单位可以依法开展艺术创作、学术研究、传授技艺等活动，有偿提供其掌握的知识、技艺以及其所有的有关原始资料、实物、建筑物、场所。

第二十三条　民族民间传统文化传承人、传承单位应当履行下列义务：

（一）保存有关原始资料、实物，保护有关建筑物和场所；

（二）依法开展传播、展示活动，培养民族民间传统文化传承人。

民族民间传统文化传承人和传承单位不履行义务的，由命名单位撤销其命名。

第二十四条　自治县人民政府文化主管部门和其他有关部门应当组织宣传、展示具有代表性的民族民间传统文化项目。

第二十五条　自治县人民政府教育主管部门应当将优秀的民族民间传统文化编入乡土教材，作为中小学素质教育的内容。

第五章　法律责任

第二十六条　违反本条例有关规定的，由自治县人民政府文化主管部门责令停止违法行为，并按照下列规定予以处罚；构成犯罪的，依法追究刑事责任。

（一）违反第十一条规定的，没收违法所得；情节严重的，并处一千元以上五千元以下罚款；

（二）违反第十二条规定的，责令改正或者赔偿，可以并处五十元以上五百元以下罚款；情节严重的，并处五百元以上三千元以下罚款；

（三）违反第十三条第一款规定的，没收违法所得和考察、搜集等活动中取得的资料、实物；情节严重的，对个人并处一千元以上五千元以下罚款，对组织并处五千元以上三万元以下罚款。违反第二款规定的，给予警告；情节严重的，依照有关法律法规的规定予以处罚；

（四）违反第十四条规定的，没收违法所得和资料、实物；情节严重的，并处资料、实物价值一倍以上五倍以下罚款。

第二十七条　当事人对行政处罚决定不服的，依照《中华人民共和国行政复议法》和《中华人民共和国行政诉讼法》的规定办理。

第二十八条　自治县人民政府文化主管部门和有关部门的工作人员在民族民间传统文化保护工作中玩忽职守、滥用职权、徇私舞弊的，由其所在单位或者上级主管部门给予处分；构成犯罪的，依法追究刑事责任。

第六章　附　则

第二十九条　本条例经自治县人民代表大会审议通过，报云南省人民代表大会常务委员会审议批准，由自治县人民代表大会常务委员会公布施行。

自治县人民政府可以根据本条例制定实施办法。

第三十条　本条例由自治县人民代表大会常务委员会负责解释。

《云南省澜沧拉祜族自治县
民族民间传统文化保护条例》的说明

《云南省澜沧拉祜族自治县民族民间传统文化保护条例》（以下简称《条例》），《条例》的制定工作，于 2011 年 3 月开始起草，至 2012 年 3 月 31 日经云南省第十一届人民代表大会常务委员会第三十次会议审议批准，已形成了《条例》，现对制定《条例》的有关问题做如下说明：

一、制定《条例（草案）》的重要性和必要性

澜沧是全国唯一的拉祜族自治县，位于云南省西南部，县域面积8807平方公里，辖20个乡（镇），160个村民（社区）委员会，1942个自然寨，2602个村民小组，常住人口50万人。县境内居住着拉祜、佤、哈尼、彝、傣、布朗、回、景颇等24种少数民族，少数民族人口38.98万人，占总人口的78.97%，其中拉祜族21.42万人，占全县总人口的43.4%。澜沧不仅是一个多民族的县，还是一个民族文化相互交融的县。各民族文化多姿多彩，形成了一个多民族文化区域。

多年来，县委、县人民政府十分重视对民族民间传统文化的保护工作，2003年明确提出了"拉祜文化兴县"的战略，成立了"澜沧县民族民间传统文化普查领导小组"，对全县20个乡（镇）52个项目的民族民间传统文化进行了普查登记，摸清了澜沧各民族文化遗产的现状、分布、传承方式和传承人员，编制出了"澜沧非物质文化遗产保护名录"，被云南省列为"云南省民族民间传统文化遗产保护综合示范点"。通过逐级申报，拉祜族创世史诗（口述文学）《牡帕密帕》和拉祜族传统"芦笙舞"被列入国家级第一批非物质文化遗产保护名录；有9个项目被列入省级第一批非物质文化遗产保护名录；有36个项目被列入市级第一批非物质文化遗产保护名录；李扎戈、李扎倮、李增保进入国家级非物质文化遗产保护名录；李娜列等12人进入省级非物质文化遗产保护名录。现有40名民族民间传统文化传承人，其中，有12名已被认定为国家级、省级传承人。现已建成民族民间文化传承馆6个，计划今年建设8个。通过多年的努力，民族民间传统文化保护传承工作，取得了较大的成绩。但是，在保护传承民族民间传统文化工作中还存在一些困难和问题：一是思想认识不到位；二是许多民族民间传统文化大量流失和损毁，有的已经失传或处于濒危状态；三是传承馆和传承人不足；四是民族民间传统文化保护传承和开发利用不够；五是保护传承经费紧缺。为

保护、传承和弘扬民族民间传统文化，培植民族文化产业，促进经济社会全面发展，根据《中华人民共和国民族区域自治法》和《云南省民族民间传统文化保护条例》等法律法规，结合自治县实际，制定《云南省澜沧拉祜族自治县民族民间传统文化保护条例》，是非常必要的。

二、制定《条例（草案）》的指导思想

制定《云南省澜沧拉祜族自治县民族民间传统文化保护条例（草案）》的指导思想是：以邓小平理论和"三个代表"重要思想为指导，全面贯彻落实科学发展观，坚持以保护为主、抢救第一、合理利用、传承发展的方针，促进民族民间传统文化与经济社会协调发展，构建和谐澜沧。

三、《条例（草案）》的形成过程

县委、县人大常委会和县人民政府高度重视《条例（草案）》的制定工作。2010年1月，县人民政府提出了保护民族民间传统文化的议案，4月，县人大常委会以澜人办发〔2010〕17号文件，成立了制定《澜沧拉祜族自治县拉祜文化保护传承决定》工作领导小组。领导小组成立后，多次召开会议，制定工作方案，研究工作中涉及的问题，并成立了调研组，先后深入到南岭、上允等13个乡（镇），对拉祜文化现状开展了全面、细致的调研，起草了《条例（草案）》，经多次广泛征求意见，反复讨论修改，于2010年7月28日在县第十三届人民代表大会第十七次常委会上通过施行。随着普洱市开发"绿三角" 旅游环线项目，把澜沧作为普洱次中心城市打造，保护传承和开发利用民族民间传统文化，显得尤为重要和紧迫。2010年12月，县人大常委会以澜人请〔2010〕58号文件，向云南省人大常委会民族委员会上报了关于将《云南省澜沧拉祜族自治县民族民间传统文化保护条例》列入省人大五年民族立法规划和2011年民族立法计划的报告。2011年3月，县人大常委会成立了制定《条例》工作领导小组，下设办公室。领导小组分别于4月19日、5月16日召开会议，在原调研和《决定》的基础上进行认真的讨论修改，形成《条例（草案）》第一、二、三稿，6月14日至24日，经过广泛征求意见，梳理修改形成《条例（草案）》第四稿， 6月29日，省人大民族委员会分管民族立法工作的穆永新副主任委员、立法处副处长安运斌等和市人大常委会副秘书长杨波、民工委副主任段琼书到我县指导帮助修改《条例（草案）》，梳理形成《条例（草案）》第五稿，7月22日，县人大常委会召开代表约谈会，讨论修改形成《条例（草案）》第六稿，8月12日省人大组织专家论证会修改后，梳理形成《条例（草案）》第七稿。送县政协协商后，于9月29日报送县委审查，进入党内送审程序。12月30日，经中共云南省委审查批复，形成《条例（草案）》（党内送审稿·修订本），现提交本次会议进行审议。

四、对《条例（草案）》主要内容的说明

《条例（草案）》共六章三十条，对民族民间传统文化保护进行了全面系统的规定。

1.第一章，总则。从第一条至第九条，共九条。主要对制定《条例》的依据、民族民间传统文化的含义、保护对象、方针、县人民政府的文化行政主管部门的职责和民族宗教、教育、财政、住房和城乡建设、环保、国土资源、交通运输、公安、工商、乡（镇）以及村民（社区）委员会的职责和表彰、奖励等做了规定。

2.第二章，保护与管理。从第十条至第十四条，共五条。为了保障民族民间传统文化保护工作的有效开展，规定了保护与管理的主要措施。

3.第三章，开发与利用。从第十五条至第十七条，共三条。第十五条主要从自治县人民政府鼓励单位和个人投资开发利用民族民间传统文化资源，并在土地利用等方面给予倾斜，保障投资者的合法权益等方面做了规定。第十六条对"鼓励单位或者个人，投资开发利用民族民间传统文化资源，发展民族传统文化产业"做了规定。第十七条主要对接受拥有民族民间传统文化资料或实物的单位和个人的捐赠，以及属于私人或者集体所有的征集做了规定。

4.第四章，认定与传承。从第十八条至第二十五条，共七条①。第

---

① 原文如此。

十九条、第二十条、第二十一条、第二十二条、第二十四条①规定了命名传承人和传承单位的条件，享有的权利和应履行的义务及传承人、传承单位的管理等。第二十五条主要从自治县的教育行政主管部门应当将优秀民族民间传统文化编入乡土教材，中小学校应当开办民族民间传统文化传承班等方面做了规定。

5.第五章，法律责任。从第二十六条至第二十八条，共三条。规定了相关的法律责任和行政责任。

6.第六章，附则。规定了《条例（草案）》实施办法的制定和解释权。

---

① 原文如此。

附录二

《牡帕密帕》节选①

PHOR YAWD–PHIED YAWD JI VE
播种葫芦

Pol hie xeul qhod qhe ted yad,

扎努、厄雅械斗时,

Chad ni mil qhod pi ti chaw mad cawl;

世上还没有男人,

Vad hie sha qhod qhe ted cui,

娜努、萨雅抗争时,

Chad ni mil qhod i sho vad mad paw.

世上还没有女人。

---

① 本版本为澜沧拉祜族自治县文化馆和澜沧拉祜族自治县非物质文化遗产保护中心 2014 年收集整理版。诗歌译文有使用当地语词及借音字者,本文节选不做改动,原字保留。

Xeul yad mud dil yil ted yad,

厄雅造天时，

Mud sheor awd sheor dil taf ve;

天之四角设神坛；

Sha yad mil dil shu ted kheu,

萨雅造地时，

Mil sheor awd sheor dil taf ced.

地之四面设神台。

Mud sheor heo paf chaw mad cawl,

没有人来烧香火，

Mil sheor heo paf vad mad paw,

没有人来祭神台，

Xeul a mud put chaw mad cawl,

没有人来供奉天，

Sha a mil put vad mad paw.

没有人来祭拜地。

Xeul dzid cud keo nawq piel meod-iel,

厄雅房前湿地上，

Naf lief qawd paw ciel ni lie;

种上九蓬笔管草；

Sha dzid cud na kho bor meod-iel,

萨雅屋后草地边，

A bawd qawd zit ji ni ced.

种上九蓬芭蕉树。

Ciel lie shie qhawr gar-e xar,

芭蕉下地已三年，

Xeul a mud put pieq mad rid;

草籽下种已三载，

Ciel lie shie bad ri-e xar,

芭蕉有叶不遮天，

Sha a mil put caw mad rid.

笔管草儿不遮地。

Xeul yad ni beor chi ted kheu,

厄雅萨雅生了气，

Tawd meod chi qhe phaf ve ced:

大骂芭蕉、笔管草：

"Naf lief shawd qawr nawl ted cui,

"一个有叶没有节，

Ziq cawl phar tad cawl qot ced."

一个有节没有叶。"

Sha yad ni rit ci ted yad,

自从厄雅发话后，

Shaq meod chi qhe qot ve ced:

自从萨雅开了口，

A pawd nie tif nawl ted cui,

从此芭蕉没有节，

Par cawl ziq tad paw qot ced.

笔管草儿没有叶。

Xeul yad mawr phu ted cie qawr feof lie,

厄雅造对小猴子，

Xeul a mud sheor heu zi-a dawd;

萨雅造对大猩猩，

Sha yad mawr nat ted cie qawr feof lie,

想让猴子烧香火，

Mawr nat mil sheor heu zi-a qot.

想让猩猩祭神台。

Mawr phu mud sheor heu mad lal,

猴子天生就好动，

Mawr nat mil sheor heu mad peuq,

猩猩生来爱贪玩，

Ted cie de oq shawd shif qhad chaw ced,

一对上树采野果，

Ted cie de me mal shif qhad xar qot.

一对下地刨块根。

Xeul a mud dil chi fe dil taf xar,

造天造得那么广，

Sha a mil dil chi qiel dil taf qhaid,

造地造得那么宽，

Xeul yad dawd haf chi ted yad yol ced,

要让谁来管天地，

Sha yad gad haf chi ted kheu yol ced.

厄雅萨雅无主张。

Chi yad xeul dawd yil ni ve,

厄雅坐着板凳想，

Qaf ni piq thawt sif mal meu lie pat shil ced;

坐烂七只小独凳；

Chi thad sha gad yil ve qo,

萨雅躺在椅上想，

Gawd shi qaw jaw sif mal meu lie lie shil ced.

躺破七只藤篾椅。

Xeul yad rir lie dawd ve qo,

厄雅睡在床上想，

Pud nud-pha tie qawf qhot kaw lie dzir-e ced;

睡破九张绫罗席；

Sha yad huq lie gad ni ve,

萨雅踱着方步想，

Shaf geul kheuq nut sif cie ziq lie dzir-e qot.

踱烂九双大皮鞋。

Xeul dawd xeul phir mad mawl lie,

厄雅绞尽了脑汁，

Xeul a mud cawt-mil cawt ler-a qot ve ced,

就是想不出办法，

Sha gad sha phir mad paw lie,

萨雅想落了头发，

Sha a mud dawd-mil dawd xawl-a qot ve ced.

就是想不出名堂。

Xeul a mud cawt ler-a qot ted yad,

厄雅想着拆了天，

Xeul yad miet phir phu xeul shod ve shief ni gal,

萨雅想着拆了地，

Sha a mil cawt ler-a qot ted kheu,

厄雅越想越心酸，

Sha yad miet phir shi xeul shod ve shiet ha gal.

萨雅热泪流满面。

Xeul yad lar mief shuf daw zif taf lie,

厄雅左手拿图纸，

Lar chid xeul dzid tawt phir yar la ve ted yad,

步履蹒跚下城门，

Sha yad lar sha naf meol ka taf lie,

萨雅右手捏着笔，

Kheu chid sha dzid taf nat meod ce la ted kheu.

想把天橡地梁拆。

Xeul yad miet phir phu xeul shif ni shod taf ve,

厄雅举目看看天，

Cud keo nawq hie xeul po ted po phier law ced;

萨雅探头看看地，

Sha yad miet phir shi xeul shiet haq yar ve qo,

房前泪水已成湖，

Cud na nawq lawd haq po ted po phier law qot.

屋后泪水已成河。

Xeul yad qawr lie dawd mawl chi ted kheu-iel,

厄雅心生好主意，

Sha yad qawr lie gad mawl chi ted yad-iel,

萨雅想得好名堂。

Xeul a mud cawt-mil cawt mad ler qot ve ced,

天椽地梁不拆了，

Sha a mud dawd-mil dawd mad xawl qot ve ced.

蓝天大地有转机。

Xeul dawd xeul phir mawl veo lad-ol,

厄雅有了好主意，

Xeul yad phor ciel feof-a dawd ve ced;

萨雅想得好办法，

Sha gad sha phir paw veo lad-o,

糯嘿湖边点葫芦，

Sha yad phied ciel cief-a qot ve ced.

糯洛湖畔种葫芦。

Phor yawd phied yawd-ad cawl lie,

可是没有葫芦籽，

Phor cief-phied cief dil mad lal;

该到何处去找寻，

Xeul yad mad haf xeul aw lie,

厄雅有的是办法，

Xeul dawd-sha gad gad ni ced.

萨雅多的是主意。

Aq shit cal lawf phad yad mud ni lawf ted yad,

以前扎保炼日时，

Mud ni shi xeul qawd chi qawf jat shod law ced,

曾经娜保炼月时，

Aq sit na lawf nie ma lawq pa lawf ted kheu;

洒漏金水九十滴，

Lawq pa phu xeul sif chi sif jat jat pa taw.

泼漏银水七十滴。

Shiet chi shief jat peol shi ha kaf yar-e qo,

三十三滴洒空中，

Peol shi ha kaf meor keo shawf lawd phier law ced;

成了星星和北斗；

Shiet chi shief jat chad ni mil qhod yar-e qo,

三十三滴洒地下，

Chad ni mil qhod shi bawf-keud bawf phir ve qot.

成了金矿和银矿。

Ted jat shod qo xeul yad shawd tif shawd yawd phier,

三十三滴成树种，

Ted jat shod qo sha yad mal tif mal yawd phier,

三十三滴成草种，

Ted jat shod qo xeul yad phor tif phor yawd phier,

其余成了葫芦种，

Ted jat shod qo sha yad phid tif phied yawd phier.

厄雅收在锦囊中。

Xeul yad khaq ci aq yof qa ni lie,

厄雅打开小锦囊，

Sha yad mud paf kaq hot phaw ni lie,

倒出四颗葫芦籽，

Xeul yad phor yawd co veo lad-ol,

萨雅打开篾饭包，

Sha yad phied yawd xor veo lad-o.

仔细收在饭盒中。

Phor yawd qhal xa ji-a naf?

不知种子点哪里？

Phied yawd qhal xa ti-a naf?

不知葫芦种哪里？

Xeul yad cal i-ar kul veo lad-ol,

厄雅叫来了扎依，

Sha yad na i-khuai veo lad-o.

萨雅唤来了娜依。

Xeul yad cal i-ar maf pid lie,

厄雅对着扎依说，

Sha yad na i-ar tho pid ced;

萨雅对着娜依讲，

Cud keo a mud hu taf qot pid ced,

圈里养着一群马，

Cud na a lawf hu taf qot pid ced.

栏里关着一群骡。

A mud kheud beol beol taf aw,

马厩底下有马粪，

A lawf nuq beol beol taf ced;

骡厩底下有骡屎，

Cal i kheud dil awd dil co veo lad-ol,

扎依挑来三簸箕，

Na i nuq dil awd dil co veo lad-o.

娜依担来三箕箩。

Nid dil nawq hie xeul po jad lu tie,

一堆堆在湖泊边，

Nid dil nawq lawd xeul po jad lu taf;

一堆堆在水塘旁，

Cal i phad yad beol phu feof ve ced,

扎依娜依脚手勤，

Na i nie ma beol nat dil ve qot.

堆粪积肥忙不停。

Beol phu feof lie shief jaw gal-ol,

捂堆马粪一月多，

Beol nat feof lie shiet jaw ri-o;

积肥已经有月余，

A tor shawf xeur ad paw lie,

扎依娜依无火种，

Beol phu-beol nat ciel-ad la.

积好粪堆也白搭。

Cal i xeul hawq qawr shot lie,

扎依曲腿求厄雅，

Na i sha hawq qawr bel lie;

娜依曲足求萨雅，

Ca liq ho jawr lawl ve ced,

扎依虔诚求火镰，

Na i miq jawr ca ve qot.

娜依虔诚求火种。

Xeul yad cal i phad yad thar,

扎依是个男子汉，

Haq phu geur meof lar mief ka pid ha;

找得火草、马牙石；

Sha yad na i mie ma thar,

娜依是个女儿身，

Ca liq ho jawr lar sha ka pid lie.

萨雅给她小火镰。

Miq jawr haq phu-ar jawr ha lie,

火镰碰在石头上，

Af mif shiet dzir tawt la ced;

打出三颗小火星；

Nid dzir mil qhod yar-e lie,

两颗火星落下地，

Ted dzir geur meof-ar xuai veo ced.

一颗落在火草中。

Cal i phad yad rid shi co xa lie,

扎依抱来干茅草，

Na i nie ma rid bawd co taf lie;

娜依找来火引子；

Af mif shiet meot qha ha lie,

对着火星吹口气，

A tor shawd vet pul ha lad-o.

顿时火苗笑开花。

Cal i lar mief a tor zif taf lie,

扎依左手持火把，

Nawq hie xeul po jad lu beol phu feof;

糯海湖畔烧粪堆；

Na i lar sha af mif ka taf lie,

娜依右手拿火种，

Nawq lawd haq po jad lu beol nat feof.

糯洛湖畔放地火。

Cal i kheud beol sif ni beol ve ced,

扎依生了七天火，

Na i nuq beol sif haq beol ha lie,

娜依积了七夜肥，

Xeul ma mud kheud yar la lie,

天公作美下仗雨①，

Mil cawl mil kheud paw veo lad-o.

春雨本是贵如油。

Cal i beol phu feof lie peol-ol,

扎依烧好了粪堆，

Na i beol nat feof lie xa-o,

娜依积好了肥料，

Cal i phor yawd ji gad la-ol,

扎依平整好土地，

Na i phied yawd cief gad qot.

娜依掏好了沟畦。

Cal i xeul hawq xor ni ced,

---

① 在澜沧方言里，"下仗雨"即"下场雨"。

葫芦下种头一回，

Na i sha hawq i ni lie,

扎依娜依没经验，

Xeul yad tawd phaf yil pid ced,

扎依跑去问厄雅，

Sha yad shaq pa shu pid qot:

娜依跑去问萨雅：

"Qoq pu-na kuaif kul yad qo,

"布谷鸟儿亮歌喉，

Phor yawd ji ve awl yad yol;

正是播种好季节；

Piq cuf mal ngat yawt yad qo,

燕子呢喃春天到，

Phied yawd ti ve awl yad qot."

葫芦下种好时机。"

Cal i xeul hawq phor yawd lawl,

厄雅打开竹篾包，

Na i sha hawq phied yawd ca,

取出一把葫芦籽，

Phor yawd lawl lie xa veo lad-ol,

分给扎依一部分，

Phied yawd ca lie xa veo lad-o.

分给娜依三四颗。

Lawq pa ted chi nid mal cawl,

月缺月圆十二次，

Ni haq ted chi nid ni paw;

一轮日子十二天，

Dar ve qhal ted ni aw naf?

黄道吉日是哪天？

Cal i-na i mad shif ced.

扎依娜依不知道。

Cal i tawd pa xeul hawq shot,

扎依烧香求厄雅，

Na i shaq pa sha hawq na;

娜依磕头求萨雅，

Xeul yad mud ni peof miet xaw ni lie,

厄雅扳指算日子，

Sha yad lawq pa ha miet xaw ni ced.

萨雅曲指数吉日。

Zeo yie peol qo eoq yie dar-al,

一月大来二月平，

Eoq yie peol qo sha yie dar-al;

二月过后是三月；

Eoq yie ha pa tawl qhawr nawq,

二月十五日子好，

Phor yawd-phied yawd ji-a naf?

正是下种好时节。

Xeul yad qha dier dawd ni lie,

厄雅仔细想了想，

Sha yad qha dier qawr gad ni

萨雅缜密作思量，

Eoq xie lawq pa lir piel gu thad-aw,

阴历二月是鬼节，

Eoq yie lawq pa tul phu gu yadd-aw.

葫芦下种不适合。

Sha xie ha pa tawl qhawr nawq,

三月十五日子好，

Phor cief-phied cief awl yad yol;

播种葫芦好季节，

Dar ve awl ni qhal ted ni?

什么日子下种好？

Xeul yad-sha yad leot ni ced.

厄雅萨雅细推敲。

Fat ni peol qo nud ni dar-al,

子鼠过后是丑牛，

Nud ni peol qo lad ni dar-al;

丑牛之后是寅虎；

Phor ti-phied ti awl ni lie,

经过一番挑选后，

Lawd ni ted ni ca xa ced.

日子挑在属龙日。

Cal i phor yawd yul veo lie,

扎依拿着葫芦籽，

Beol phu awl jad ti ve ced;

扒开灰堆点葫芦；

Mud ma awd cief awd zit ti,

东南西北点四颗，

Mil ma awf phawd awd zit cief.

前后左右种四颗。

Na i phied yawd ka veo lie,

娜依怀揣葫芦种，

Beol nat awl cief ji ve ced;

种子播在粪坑旁。

Peof hawq-peof na nid zit ti,

东西南北点四颗，

Peof tawt-peof qiel nid zit feof.

上下左右种四颗。

Ti lie shief ni gal-e xar,

葫芦下种有三天，

Ciel lie shiet haq gal-e xar,

葫芦下种有三夜，

Phor cief phor miet-ad cawl lie,

葫芦种子不睁眼，

Phied cief phied miet-ad paw lie.

葫芦种子不发芽。

Phor ti phor yiel ad yiel ced,

为何种子不睁眼，

Phied ji phied yiel ad yiel ced;

为何种子不发芽，

Qhal shu med dil yil-a naf?

发现问题要处理,

Xeol dawd-sha gad haf ve ced.

厄雅萨雅该如何。

Xeul yad mad haf xeul-aw lie,

厄雅多的是主意,

Sha yad mad xawd sha-aw lie,

萨雅有的是名堂,

Lar yul kheu thawt meul taf lie,

厄雅手促①下巴骨,

Xeul dawd-sha gad yil ni ced.

萨雅搔搔后脑勺。

Xeul dawd shief dawd qha ha lie,

厄雅考虑了三番,

Sha gad shie gad gad ha lie;

萨雅推敲了五次;

Xeul dawd xeul phir mawl veo lad-ol,

厄雅心生好主意,

Sha gad sha phir mawl veo lad-o.

萨雅想出好办法。

Xeul yad lar law mieq nut qawr ka lie,

厄雅拿着银剪刀,

Sha yad lar law sho nut qawr zif lie;

萨雅拿着金剪刀,

---

① 澜沧方言里表示"托""撑"等意思。

Lar naw meod jad lar shif qawr nut lie,

厄雅剪下手指甲,

Kheu naw meod jad kheu shif qawr co ced.

萨雅剪下脚指甲。

Lar shif yul lie phor miet feof pid ha,

用银指甲作胚胎,

Kheo shif co lie phied miet phaf pid ha;

用金指甲作胚芽,

Phor miet-phied miet phaf shil xar,

从此种子睁开眼,

Phor miet- phied miet -ad phaw ced.

从此种子发了芽。

Cal i xeul hawq qawr shot lie,

扎依回到厄雅处,

Phu khied ted pha ca xa ced;

求得一口银钵头;

Na i sha hawq qawr bel lie,

娜依回到萨雅旁,

Shi khied ted pha ca xa ced.

找得一口金水瓢。

Ted ni xeul phu shiet pawt phier pid ced,

扎依日浇三次水,

Ted haq xeul shi shie pawt puf ha lie;

娜依夜洒水三次,

Phor yawd yawd miet phaw la-o law,

葫芦种子睁开眼，

Phied yawd yawd mirt gaq la-o law.

葫芦种子发了芽。

Peof na ted yiel qo phor yaw awl cuq pa,

北面一颗是瘪壳，

Peof hawq ted yiel qo phied yawd pud thawt law;

南边一颗发了霉，

Peof qiel ted yiel qo phor yawd bur shil law,

西边一颗遭虫蛀，

Peof tawt ted yiel qo phor yiel-phied yiel yiel tawt la-o.

东面一颗出了芽。

Phor yiel-phied yiel yiel la lie,

扎依辛劳有成果，

A dawd dawd sha chi ted kheu-iel;

娜依辛劳出成绩，

A gad gad sha chi ted yad-iel,

葫芦种子发了芽，

A dawd-a gad lar tha-kheu jawr i sit sit-iel.

厄雅萨雅心欢喜。

Cal i ted ni phor kheu shirt pawt shawf,

扎依日薅三次草，

Na i ted haq por lar shie pawt shawf;

娜依夜铲三次地，

Phor geo-phied geo mad cawl lie,

因为葫芦没根系，

Phor yiel-Phied yiel mad dar ced.
所以葫芦长不好。

Xeul yad phu yul phor geo feof,
厄雅找来些金丝，
Sha yad shi yul phied geo te;
萨雅找来些银线，
Xeul yad phu yul phor phar dil,
金丝银线作根系，
Sha yad shi yul phied phar ted.
从此葫芦有了根。

Phor yiel phor geo cawl pa taw,
自从葫芦有了根，
Phied yiel phied geo paw pa taw;
秧苗长势真喜人，
Phor yiel ted te lar naw heu,
葫芦藤子手指粗，
Phied yiel ted te kheu naw heu.
葫芦藤子脚趾粗。

Phor phar ted phar ha keo heu,
葫芦叶子筛子大，
Phied phar ted phar ha ma fe;
葫芦叶子簸箕宽，
Phor te ted te shief lof baf,
幼苗一天长三度，
Phied te ted te shie jat phat.

秧苗一夜一个样。

Phor te dar lie ril phawd qe,

秧苗白天是长粗，

Phied te dar lie mu phawd qe;

幼苗夜间是伸长，

Phor qa-phied qa mad qa lie,

可是幼苗不分杈，

Phor vet-phied vet mad vet law.

没有杈子不开花。

Xeul yad lar kaf mieq nut zif tad lie,

厄雅手里拿剪刀，

Sha yad lar kha mieq nur ka taf lie;

萨雅手里持铁钳，

Phot caf-phied caf tawt ha lie,

厄雅剪好葫芦苗，

Phor qa-phied qa qa lia ced.

萨雅剪去葫芦尖。

Ted qa qa qo peof tawt qe,

一杈藤子伸东面，

Ted qa qa qo peof qiel qe;

一杈藤子伸西边，

Ted qa qa qo peof hawq qe,

一杈藤子伸南面，

Ted qa qa qo peof na qe.

一杈藤子伸北边。

Phor dar phor gawd mad cawl lie,

葫芦苗子长高了，

phied dar phied gawd mad paw lie;

葫芦藤子伸长了，

Xeul yad a mud hu taf ve,

可是没有葫芦架，

Sha yad a lawf hu taf lie.

葫芦无架咋能行。

A mud yawd meod of la naf?

或许被马来啃食？

A lawf yawd meod of la naf?

或许被骡来啃食？

A dawd dawd haf chi ted kheu-iel,

事情越来越棘手，

A gad gad haf chi ted yad-iel.

未雨绸缪早安排。

Qhal shu mid dil yil-a naf?

事情不知该咋办，

Cal i-na i xeul hawq-sha hawq i ni ced;

问题如何去处理，

Xeul dawd shief dawd dawd ni lie,

扎侬去和厄商量，

Sha gad shie gad gad ni ced.

娜侬去听萨意见。

Aq sit xeul yad mud kawf yil ted yad,

以前厄雅造天时，

Aq sit sha yad mil yar yil ted kheu;

曾经萨雅造地时，

Mud qa awd qa leoq law ced,

还剩四棵擎天柱，

Mil qa awd qa leoq law qot.

还余四棵银地梁。

Mud dawd chi dawd leoq law ced,

天椽还剩十多根，

Mil dawd qawf dawd leoq law ced;

地椽还剩九根半，

Mud kiet shiet chi leoq law ced,

天条还剩三十六，

Mil kiet shiet chi leoq law qot.

地条还剩三十多。

Xeul yad mud qa-mil aq qawr yul lie,

厄雅找来擎天柱，

Tol shiq ted ciel feof ve ced;

做成一棵菩提树；

Sha yad mud dawd-mil kiet qawr co lie,

萨雅找来银地柱，

Naf qod ted ciel phaf ved ced.

做成一棵大榕树。

Cal i xeul hawq tol shiq ted ciel co xa lie,

扎依找得菩提种，

Nawq hie xeul po jad lu ti lie phor kur dil ve ced;

栽在糯海湖堤旁；

Na i sha hawq naf qod ted ciel xor xa lie,

娜依找得榕树种，

Nawq lawd xeol po pad lu ti lie phied hi dil ve ced.

栽在糯洛湖岸边。

Tol shiq ciel yul phor gawd dil ha yie,

菩提树作葫芦棚，

Naf qod ciel co phied gawd ziq ha lie;

大榕树作葫芦架；

Por dar-phied dar dar ha lad-ol,

有棚有架作支撑，

Por qa-phied qa qa ha lad-o.

葫芦长势真喜人。

Ted qa qa qo peof tawt-awr qie,

一杈藤子伸向东，

ted qa qa qo peof qiel-awr qe,

一杈藤子伸向西，

Ted qa qa qo peol hawq-awr qie ,

一杈藤子伸向南，

Ted qa qa qo peol na-awr qie.

一杈藤子伸向北。

Phor dar mud ma awd cief bid-ol ced,

葫芦藤子爬满棚，

Phied dar mil ma awf phawd did-ol xar;

葫芦藤子爬满架，

Phor vet-phid vet mad vet lie,

可是葫芦不开花，

Phor shif-phied shif-ad nawr ced.

没有花絮不结果。

Xeul yad lawq pa phu vet ba ha lie,

白天日头来呵护，

Sha yad mud ni shi vet thi ha lie,

晚上月亮来做伴，

Phor vet-phied vet pul la-ol ced,

葫芦伸藤开白花，

Phu vet-shi vet pul qhe lid.

好似日月放光彩。

Phor vet cuf miel ad ka lie,

葫芦开花没有蜜，

Phied vet chad miel ad paw lie;

葫芦开花不上粉，

Phor shif-phied shif ad ji ced,

没有花蜜不受粉，

Phor shif-phied shif ad nawr ced.

葫芦开花不结果。

Xeul yad did xeul co lie phor vet-ar phier ha li,

厄雅萨雅酿美酒，

Sha yad shaq xeul co lie pied vet-ar puf ha lie;

洒到葫芦花朵间，

Phor vet-ar cof xeul ka pid ced,

从此花朵有了蜜，

Phied vet-ar chad xeul ka pid qot.

从此花蕊有了粉。

Phor vet cof xeul ka pa taw,

自从花朵有了蜜，

Phied vet chad xeul ka pa taw,

自从花蕊有了粉，

Pied nud awf dawd phor vet lad ve ced,

蜜蜂天天来采蜜，

Nawq nud awf dawd phied vet lad ve ced.

马蜂夜夜来探蜜。

Pied nud phor qhod cof dawl yil pa taw,

蜜蜂天天来采蜜，

Nawq nud pied qhod chad dawl yil pa taw;

马蜂夜夜来探蜜，

Xeul ya ni beor chi tot qe ve ced,

气得厄雅直咬牙，

Sha yad shaq beor qawf tot gal ve ced.

气得萨雅直切齿。

Xeul yad phu jawr khuai zif lie ,

厄雅找来银扫把，

Sha yad shi jawr khuai ka lie;

萨雅找来金扫把，

Pied ma tawl qhor jawr pid ced,

用银扫把拍蜜蜂，

Nawq ma cawr qod qha pid ced.

用金扫把打马蜂。

Pied ma mil qhod shiet bu paf,

蜜蜂着地摔三滚，

Nawq ma mil qhod shirf bu caw;

马蜂着地摔三跤，

Pied ma cawr chet shil ve ced,

蜜蜂贪嘴折了翅，

Nawq ma tawl lo shil ve qot.

马蜂贪舌断了腰。

Pied ma xeul hawq sif ni kied pid xar,

蜜蜂求情求七天，

Nawq ma sha hawq sif haq kied pid xar;

马蜂求情求七夜，

Xeul yad pied ma-ar mad ni pid,

厄雅不看它一眼，

Sha yad nawq ma-ar mad xor pid.

萨雅故意不领情。

Pied ma xeul hawq shief ni qawr kied lie,

蜜蜂又恳求三天，

Nawq ma sha hawq shiet haq qawr kied jie;

马蜂又恳求三夜，

Pied ma phor vet mad chawr-o qot lie,

信誓旦旦作保证，

Nawq ma phied vet nad chawr-o qot ced.

从此不采葫芦蜜。

Xeul yad a gul qawr kul lie,

厄雅招来花蜘蛛，

Sha yad a gaq qawr khuai lie;

萨雅叫来黑寡妇，

Pied ma cawr qawr phie nawr pid,

抽出金丝和银线，

Nawq ma phi qawr phie caq pid.

接好蜂子的断腰。

Pied ma cawr chet meul pa taw,

从此蜜蜂腰细细，

Nawq ma phi miet meul pa taw;

马蜂变成水蛇腰，

Pied ma chir pud kheu xawd-ar pud ve ced,

蜜蜂背粮背脚上，

Nawq ma qa pud kheu shie-ar pud ve ced.

马蜂抬食系腿根。

Xeul yad mad haf xeul aw lie,

厄雅多的是主意，

Sha yad mad xawd sha aw lie,

萨雅多的是办法，

Ciel ti kol jawr mud law ha ha lie,

厄雅和拍敲起锣，

Xeul ma mud kheud yar la ced.

萨雅打鼓震天响。

Xeul ma mud kheud yar ha lie,

顿时乌云漫天滚，

Phor shif-phied shif ji la lie,

闪电雷鸣降甘霖，

A dawd dawd sha chi ted kheu-iel,

葫芦开花结了果，

A gad gad sha chi ted yad-iel.

厄雅萨雅心欢喜。

Phor shif-phied shif nawr shil xar,

虽说葫芦开了花，

Phor shif-phied shif-ad ye ced,

可是藤子不挂果，

Phor shif-phied ji shil xar,

虽说葫芦挂了果，

Phor shif-phied shif mad hie qot.

可是葫芦不长大。

Ted shif shod qo nawq hie xeul po qhod lu yar-e qo,

一个葫芦落池里，

Xeul tawl ngad phu pa kief phier law ced;

成了水中凸嘴鱼；

Ted shif shod qo nawq lawd xeul po ma kaf yad-e lie,

一个葫芦落塘中，

Xeul tawl ngad phu pa caq phier law qot.

成了水中尖嘴鱼。

Ted shif shod qo nawq hie xeul po qhod lu yar-e qo,

一个葫芦落池里,

Xeul tawl ngad shi pa qhal phier law ced;

成了水中面瓜鱼;

Ted shif shod qo nawq lawd xeul po ma kaf yad-e lie,

一个葫芦落塘中,

Xeul tawl ngad shi pa sheoq phier law qot.

成了水中豹子鱼。

Ted shif shod qo nawq hie xeul po qhod lu yar-e qo,

一个葫芦落池里,

Xeul tawl ngad phu pa lie phier law ced;

成了一对粗壳鱼;

Ted shif shod qo nawq lawd xeul po ma kaf yad-e lie,

一个葫芦落塘中,

Xeul tawl ngad phu pa thiaoq phier law qot.

成了一对细鳞鱼。

Ted shif shod qo nawq hie xeul po qhod lu yar-e qo,

一个葫芦落池里,

Xeul tawl ngad shi pa yif phier law ced;

成了一对黄鳝鱼;

Ted shif shod qo nawq lawd xeul po ma kaf yad-e lie,

一个葫芦落塘中,

Xeul tawl ngad shi pa bof phier law qot.

成了一对小泥鳅。

Phor shif shiet chi shiet shif shod ve qo,

三十三个落池里，

Ngad phu shiet chi shiet zeod phier law ced;

成了白鱼三十种；

Phied shif shiet chi shiet shif shod ve qo,

三十三个落塘中，

Ngad shi shiet chi shiet zeod phier law qot.

成了黄鱼三十种。

Phor shif shiet chi shiet shif shod ve qo,

三十三个落池里，

Ngad naw shiet chi shiet zeod phier law ced;

成了青鱼三十种；

Phied shif shiet chi shiet shif shod ve qo,

三十三个落塘中，

Ngad nat shiet chi shiet zeod phier law qot.

成了黑鱼三十种。

Phor shif qawd chi qawd shif shod shil xar,

葫芦一天落三个，

Phot shif ted shif ye law ced;

葫芦一夜落三个，

Phied shif qawd chi qawd shif shod shil xar,

整整落了九十九，

Phied shif ted shif hie law qot.

还有一个挂在藤。

Cal i phor shif hu ve qo,

扎依看护葫芦果，

Ted haq shief caw i ve ced;

一天园里转三转；

Na i phied shif hu ve qo,

娜侬看护葫芦园，

Ted ni shiet qawr i ve qot.

一夜棚里转三圈。

Xeul ma mud kheud yar ha lie,

有了雨露的滋润，

Phor shif yawd to eol la ced;

葫芦渐渐地长大；

Sha ma mil kheud yar ha qo,

有了阳光的照耀，

Phied shif yawd khid mu la ced.

葫芦慢慢地成熟。

Hu lie chil yie ha pa chet shil xar,

七月完了进八月，

Hu lie paf yie lawq pa tawl shil xar;

八月十五月亮圆；

Hu lie phor shif-phied shif eol qheo xar,

虽说葫芦成了形，

Hu lie phor shif-phied shif mad hie ced.

可是葫芦不成熟。

Xeul yad mud ni shi vet pa ha lie,

厄雅多的是主意，

Sha yad lawq pa phu vet pa ha lir;

萨雅多的是办法，

Phor shif-phied shif hie-ol xar,

太阳月亮倒了班，

Phor te-phied te mad qaw ced.

多让月华洒枝头。

Xeul yad mud shawq jil gawl phaf ha lie,

早上厄雅洒甘露，

Sha yad mud pheor nuq gawl phaf ha lie;

晚上萨雅洒甘霖；

Phor te awl qaw qaw la-ol ced,

葫芦慢慢成熟了，

Phied te awl qaw qaw la-o ced.

瓜熟蒂落黄了藤。

Phor te awl qaw qaw ve lar ziq si-iel,

八月葫芦黄了叶，

Phied te awl qaw qaw ve kheu ziq si-iel;

九月葫芦黄了藤；

Phor te awl qaw qaw mad peol ve ced,

葫芦黄藤藤不枯，

Phied te awl qaw qaw mad lie ve ced.

藤子不枯瓜不熟。

Ciud ye、Shir ye peol-e lie，

九月本是土黄天，

To ye、Laf ye-ar khuai veo ced;

十月要下谷叉雨；

Xeul yad mud yil che ma yar ha lie,

土黄下了九天多，

Sha yad mud yil keud ma yar ha lie.

谷雨下了七天半。

Xeul yad mud yil beud ma yar ha lie,

土黄细雨如针尖，

Sha yad mud phu-haw phu shod ha lie;

谷雨丝丝如麦芒；

Phor qaw-phied qaw qaw peol ced,

刺在葫芦藤蔓上，

Phor shif-phied shif hie qawl-ol ced.

藤子枯了瓜成熟。

Phor te-phied te gud shil xar,

虽然葫芦成熟了，

Phor shif-phied shif yu taf-er ced;

可还挂在枯藤上，

Cal i-na i phor shif phied shif shaw ve qo,

扎依每天看三次，

Chi ni qawd haq shaw shil ced.

娜依每晚看三回。

Chi ni-qawd haq shaw gal lie,

扎依守了有十天，

Ted haq shaw lie qiet shil ced;

娜依守了有十夜，

Mud ni peol vet hof-e lie,

一天太阳下山后，

A caq peol vawl yar ted yad.

黑夜渐渐地来临。

Zhi phu chir phu co ve ced,

公麂子和母麂子，

Zhi ma qa phu co ted yad;

箐头箐尾来觅食，

Xeul dzid cud keo qhad caq shif co lie,

厄雅屋前橄榄树，

Sha dzid cud na qhad nat shif xawt ced.

颗颗橄榄挂枝头。

Co lie nawq hie xeul po awl jad gal ve ced,

麂子觅食到处走，

Co lie nawq lawd xeul po awl pad gal ve ced;

来到糯海湖畔上，

Co lie tol shiq shawd ciel ma hawq yar-e ced,

来到糯洛池塘边，

Co lie naf qod shawd beud ma hawq gar-e ced.

不觉走进葫芦地。

Tol hiq shawd shif nawr pa taw,

菩提树上结满果，

Naf qod mal shif nawr pa taw;

榕树枝头挂满果，

Ted ni ngat shi-ngat naw chi zeod of ve ced,

白天黄鸟绿鸟聚，

Ted haq keul tawf-fat yad qawf tot dawl ve ced.

晚上老鼠闹嚷嚷。

Zhi pu-zhi ma awl keo mad cawl lie,

莫看麂子个把大，

Ni ma i ve dziq mu-dziq khie hi-iel ced;

天生是个胆小鬼，

Keul tawf fat yad kied ha-xawr ha lie,

突然听到夜鹰叫，

Zhi phu-zhi ma kawt lie teof ve ced.

吓得麂子到处逃。

Zhi phu-la ma teod ha lie,

麂子受惊胡乱跑，

Kheu rif-hie nud-ar did ve ced;

惊着野牛和马鹿，

Teof lie phor kho ma qhod yar-e lie,

惊得野牛到处跑，

Teof lie phied kho ma hawq yar-e ced.

惊得马鹿到处窜。

Kheu rif khaw qa por te wai veo lie,

鹿角绊着葫芦棵，

Hie nud keu qa phied te nat chet ced;

野牛踩断葫芦藤，

Phor te-phied te wai chet lie,

一踩一绊不得了，

Phor shif-phied shif pil ce-e ced.

碰掉葫芦顺山滚。

A caq peof lar mud qhod ba la lie,

公鸡打鸣太阳出，

Cal i-na i phor shif-phied shif xaw ni thad;

扎依娜依看葫芦，

Phor shif-phied shif mad mol lie,

葫芦早就没踪影，

Xeul yad-sha yad beor ve ced.

气得厄雅直跺脚。

Xeul yad tawd zhid cal i-ar ded,

厄雅指着扎依骂，

Sha yad shaq zhid na i-ar yaw;

萨雅对着娜依说，

Khat pheud-khat le-ar qa pa taw,

叫你平时莫玩弩，

Phor shif-phied shif mieq shil ve.

关键时候就误事。

Xeul yad tawd zhid yar ha lie,

因为厄雅说扎依，

Sha yad shaq zhid qha ha lie;

因为萨雅骂娜依，

Cal i-na i beor ve ced,

扎依娜依受委屈，

Miet phir phu xeul shod ve ced.

背着厄雅哭一场。

Xeul yad zi kheu shif veo lie,

厄雅叫来了帮手，

Sha yad zi lar shif veo lie;

萨雅唤来了助手，

Phor shif-phied shif xar ve ced,

厄雅开始寻葫芦，

Phor qhad-phied qhad chaw ve ced.

萨雅开始找葫芦。

Xeul yad kho bor meod jad lu,

厄雅房前菜园旁，

Phu phir ted phir taf talced;

开着一道金竹门，

Sha yad kho bor meod jad lu,

萨雅屋后果园边，

Shi phir ted phir taf tal ced.

开着一道银竹门。

Phu phir-shi phir ngaq ha lie,

厄雅打开金竹门，

Phor kho ma qhod yar-e ced;

萨雅打开银竹门，

Phied kho ma qhod yar-e lie,

厄雅萨雅一行人，

Phor qhad-phied qhad chaw ve ced.

认认真真找葫芦。

Xeul yad kheu rif-ar na pid lie,

厄雅萨雅问马鹿，

Hie nud phor te nat chet qot;

野牛踩断葫芦藤，

Sha yad hie nud-ar na pid lie,

厄雅萨雅问野牛，

Zhi phu-la ma ho lad lie.

说是麂子吓着它。

Xeul yad zhi pu-la ma na pid lie,

麂子低头说实话，

Keul tawf-qhawd pot ho lad lie;

猫头鹰叫吓着它，

Sha yad keul tawf-qhawd pot-ar na pid lie,

厄雅责问猫头鹰，

Keul tawf-qhawd pot khawd mad qhawr ve ced.

你为什么吓麂子？

Xeul yad ni beor chi ted taw-iel,

萨雅质问猫头鹰，

Sha yad ni rit chi ted yad;

猫头鹰曲首不吭声，

Xeul yad lar tha yar pid ced,

厄雅萨雅伸拳头，

Sha yad lar tha qha pid ced.

打在猫头鹰头上。

Keul tawf uq law yar-e lie,

厄雅萨雅用力猛，

Keul tawf oq qof tawl shil ced;
重拳下去咋了得，

Qhawd pot meod law yar-e lie,
一拳打扁夜鹰嘴，

Qhawd pot meod pa shil ve ced.
一拳打秃猫头鹰的头。

Xeul yad zi keu shif taf lie,
厄雅开始寻葫芦，

Sha yad zi lar shif taf lie;
萨雅开始找葫芦，

Phor shif-phied shif qhad chaw ve,
蛛丝马迹不放过，

Lal shi deo qhod yar-e ced.
认认真真找线索。

Xeul yad tawd pa lal shi-ar i pid ve,
厄雅来到茶树林，

Phor shif-phied shif-ad mawl lad?
开口就问老茶棵，

Phor shif-phied shif pu ce-ol,
茶王树说看到了，

Ngal kheu lar mad cawl co mad xa.
就是无手抓不着。

Xeul yad tawd phaf yil pid ve,
听说葫芦有线索，

Ted ni pi-i sho tawt la qo;

厄雅萨雅心欢喜，

Nawl ve awl caf co veo lie,

当场祝福老茶树，

Phad lid lar shawf dil pid miel.

走亲送礼你为尊。

Sha yad phied shif qhad xar ve,

厄雅萨雅找葫芦，

Shuq shi mil qhod yar-e ced;

来到园圃草烟地，

Sha yad shaq pa shuq shi-ar i pid ve,

厄雅萨雅问烟棵，

Phor shif-phied shif-ad mawl lad?

是否见着大葫芦？

Phor shif-phied shif pu ce-ol,

草烟蓝烟如实说，

Ngal kheu lar mad cawl co mad xa,

厄雅萨雅心欢喜，

Sha yad shaq phaf yil pid ve,

当场祝福老烟棵，

Nawl lie chaw yad lar shawf dil pid miel.

交心交友你先行。

Xeul yad phor shif qhad xar ve,

厄雅萨雅一行人，

Sha yad phied shif qhad chaw ve;

寻找葫芦不歇脚，

A kawq de qhod gar-e lie,

不觉来到桃李林，

A vied de qhod yar-e ced.

厄雅萨雅问桃李。

A kawq-a vied-ar na pid ve,

桃树李树回答说，

Phor shif-phied shif ad mawl lad?

看见葫芦滚下坡，

Phor shif-phied shif pu ce-ol,

只是我们没脚手，

Ngal kheu lar mad cawl co mad xa.

心有余而力不足。

Xeul yad-sha yad tawd phaf yil pid ve,

厄雅萨雅祝福说，

Ted ni pi ti-i sho tawt la qo;

有朝人类出世后，

A kawq-a vied nawl vet qo,

桃树开花新年到，

Chaw yad-vad yad qhawr vet-ha vet dil pid miel.

拿你李花当年花。

Xal xar xal hawq yar-e qo,

越找葫芦越下坡，

Pud caw-pud nud mil qod yar-e ced;

厄雅萨雅心越焦，

Pud caw-pud nud-ar i ni ve,

不觉寻到甘蔗林，

Phor shif-phied shif-ad mawl lad?

甘蔗如实把话答。

Phor shif-phied shif pu ce-ol,

看到葫芦滚下坡，

Ngal kheu lar mad cawl ve pa taw;

我们没有脚和手，

Dawd lie chi tot gal-e xar,

心有余而力不足，

Phor shif-phied shif co mad xa.

想挡葫芦挡不着。

Xeul yad-sha yad tawd phaf yil pid ced,

看到甘蔗很忠恳，

Ted ni pi ti-i sho tawt la qo;

厄雅当场就祝福，

Pud chaw-pud nud nawl to qo,

有朝人类出世后，

Qhawr ciel-ha ciel dil pid miel.

拿你甘蔗来祭年。

Xal xar xal keo yar-e qo,

越寻葫芦越下坡，

Naw shi-naw qawf de qhof yar-e ced;

厄雅来到蓝靛林，

Xeul yad-sha yad tawd pa yil pid ced,

厄雅萨雅问蓝靛，

Phor shif-phied shif-ad mawl lad?

蓝靛照实说实话。

Phor shif-phied shif pu ce-ol,

看到葫芦滚下坡，

Ngal kheu lar mad cawl ve pa taw;

我们没有手和脚，

Dawd lie qawf tot gal-e xar,

心有余而力不足，

Phor shif-phied shif co mad xa.

我拿葫芦没办法。

Xeul yad-sha yad tawd phaf yil pid ced,

看到蓝靛很诚恳，

Ted ni pi ti-i sho tawt la qo;

厄雅当时就祝福，

Pud nud qawd tie haw veo lie,

有朝人类出世后，

Veor qad-lad qad dil pid miel.

拿你蓝靛染衣服。

Xeul yad phor shif qhad chaw ve,

厄雅萨雅找葫芦，

Sha yad phied shif qhad xar ve;

认认真真找线索，

Xal xar xal keo yar-e lie,

越找葫芦越下坡，

A pawd te qhod gar-e ced.

不觉来到芭蕉林。

Xeul yad sha yad tawd pa yil pid ve,
厄雅萨雅问芭蕉,
Phor shif-phied shif-ad mawl lad?
芭蕉张口不说话,
A pawd nie tif khawd mad ngiet pa taw,
芭蕉闭口不回答,
Xeul yad-sha yad ni beor ni rit ced.
气得厄雅直冒火。

Xeul yad-sha yad phaf maq pid,
厄雅萨雅气头上,
A pawd nie tif nawl cui-nawl vaf qo;
劈头盖脸骂芭蕉,
Phar cawl ziq tad cawl pid miel,
养儿养女背头上,
Yad hu-dul hu uq kheor veol。
一生有叶莫有节。

A vawd yied shi de qhod gar-e lie,
厄雅萨雅一行人,
Qaf ni qawd te ma qhod yar-e ced;
一路找到森林里,
Xeul yad-sha yad tawd pa yil pid ve,
遇到椿树开口问,
Phor shif-phied shif-ad mawl lad?
是否见着大葫芦?

Phor shif-phied shif pu ce-ol,

看到葫芦滚下坡，

Ngal kheu lar mad cawl ve pa taw;

我们没有手和脚，

Dawd lie chi tot gal-e xar,

心有余而力不足，

Phor shif-phied shif co mad xa.

我拿葫芦没办法。

Xeul yad-sha yad tawd phaf yil pid ced,

厄雅听了高兴道，

Qaf ni shawd ciel sit jawd nawd;

你是林中老树王，

Ted ni chaw yad-vad yad tawt la qo,

有朝人类出世后，

Ta qof-ta hot dil yied pid.

拿你当作家私用。

Xal xar xal hawq yad-e qo,

越找葫芦越下坡，

A yaw sif de ma qhod gal-e ced;

一直找到红毛林，

Xeul yad-sha yad tawd pa yil pid ve,

开口便问红毛树，

Phor shif-phied shif-ad mawl lad?

是否见着大葫芦？

A yaw shawd ciel khawd mad qhawr,

红毛闭口不回答，

Xeul yad-sha yad ni beor qot;

厄雅萨雅生气说，

A yaw shawd ciel shit xied ma,

你是树中老顽固，

Nawl cui vet paw cuf mad cawl pid miel.

只是开花不长蜜。

Xal xar xal keo yad-e qo,

越找葫芦越下坡，

Chid phu-maq teo de qhof yar-e ce;

一直找到朱栗林，

Xeul yad-sha yad tawd pa yil pid ve,

厄雅开口问栗树，

Phor shif-phied shif-ad mawl lad?

是否见着大葫芦？

Phor shif-phied shif pu ce-ol,

看到葫芦滚下坡，

Ngal kheu lar mad cawl ve pa taw;

我们没有手和脚，

Dawd lie qawf tot gal-e xar,

心有余而力不足，

Phor shif-phied shif co mad xa.

我拿葫芦没办法。

Xeul yad-sha yad tawd phaf yil pid ve,

厄雅听了高兴道，

Chid phu-maq teo nawl cui-nawl vaf qo;

萨雅当场便祝福，

Ted ni pi ti-i sho tawt la qo,

有朝人类出世后，

Kur qa-hi qa dil pid miel.

拿你栗树当柱子。

Xal xar xal hawq yar-e qo,

越找葫芦越下坡，

Thawd gud de qhod yar-e ced;

一直找到楠桦林，

Xeul yad-sha yad tawd pa yil pid ve,

开口便问楠桦树，

Phor shif-phied shif-ad mawl lad?

是否见着大葫芦？

Phor shif-phied shif mad xa mawl,

没有见到大葫芦，

Thawd gud chi qhe hef pid ve;

楠桦低头撒谎说，

Xeul yad ni beor chi ted kheu,

厄雅气得直冒火，

Sha yad ni rit chi ted yad.

萨雅气得直哆嗦。

Xeul yad-sha yad tawd phaf maq pid ve,

厄雅萨雅发狠话，

Thawd gud nawl cui-nawl caq qo;

大骂楠桦不诚实，

Ted ni chaw yad-vad yad tawt la qo,

一朝人类出世后，

Lad pheud-lad kat te yied pid.

拿你楠桦作梨杆。

Xal xar xal keo yar-e lie,

越找葫芦越下坡，

Thawd phu-thawd shi de qhod ce-ol;

一直找到松树林，

Xeul yad-sha yad tawd pa yil pid ve,

厄雅萨雅问松树，

Phor shif-phied shif-ad mawl lad?

是否见着大葫芦？

Phor shif-phied shif pu ce-ol,

看到葫芦滚下坡，

Ngal to yul-khid yul tawf ha lie;

我拿身子挡葫芦，

Phar dar ha lawd-ha ma heu ve xar,

簸箕般的大叶子，

Jawr lie dziq khie-dziq mu hi-iel tiq col.

如今变得似针芒。

xeul yad-sha yad i mawl shil qhawr nawq,

厄雅萨雅发善心，

Tawd khawd-shaq khawd chi qhe phaf pid ve;

当场开口就祝福，

Qhawr tad-ha tad gal la qo,

一朝人类出世后,

Qhawr ciel-ha ciel dil pid miel.

拿你松枝作年枝。

Xal xar xal hawq yar-e qo,

越找葫芦越下坡,

Pil shawt de qhod yar-e ced;

一直找到黄栗林,

Xeul yad-sha yad tawd pa yil pid ve,

开口便问黄栗树,

Phor shif-phied shif-ad mawl lad?

是否见着大葫芦?

Phor shif-phied shif mad xa mawl,

没有见到大葫芦,

Pil shawt chi qhe hef pid ve;

黄栗低头撒谎说,

Xeul yad ni beor chi ted kheu,

厄雅气得直冒火,

Sha yad ni rit chi ted yad.

萨雅气得直跺脚。

Xeul yad-sha yad tawd phaf maq pid ve,

厄雅萨雅发狠话,

Pil shawt nawl cui-nawl vaf qo;

大骂黄栗不诚实,

Ted ni pi ti-i sho tawt la qo,

一朝人类出世后，
Ciq cid、Ciq qot xawd te pid.
拿你当作锄头把。

Xal xar xal keo yar-e qo,
越找葫芦越下坡，
Shiul de ma qhod yar-e ced;
找到牛尾巴树林，
Xeul yad-sha yad tawd pa yil pid ve,
厄雅萨雅开口问，
Phor shif-phied shif-ad mawl lad?
是否见着大葫芦？

Phor shif-phied shif mad xa mawl,
牛尾巴树撒谎说，
Shiul ciel chi qhe hef pid ve;
连影子都见不着，
Xeul yad ni beor chi ted kheu,
厄雅气得直冒火，
Sha yad ni rit chi ted yad.
萨雅气得直哆嗦。

Xeul yad-sha yad tawd phaf maq pid ve,
厄雅萨雅发狠话，
Shiul ciel nawl cui-nawl caq qo;
牛尾巴树不诚实，
Ted ni chaw yad-vad yad tawt la qo,
一朝人类出世后，

Chir jawr quq lu aw yied pid.

拿你当作弯棍使。

Xal xar xal hawq yar-e qo,

越找葫芦越下坡，

Nawf de ma qhod yar-e ced;

一直找到冬瓜林，

Xeul yad-sha yad tawd pa yil pid ve,

厄雅萨雅开口问，

Phor shif-phied shif-ad mawl lad?

是否见着大葫芦？

Phor shif-phied shif pu ce-ol,

看到葫芦滚下坡，

Ngal kheu lar mad cawl ve pa taw;

我们没有手和脚，

Dawd lie chi tot gal-e xar,

心有余而力不足，

Phor shif-phied shif co mad xa.

我拿葫芦没办法。

Xeul yad-sha yad tawd phaf yil pid ve,

厄雅萨雅发善心，

Nawf ciel nawl cui-nawl vaf qo;

当场开口就祝福，

Ted ni chaw yad-vad yad tawt la qo,

一朝人类出世后，

Tawl lar awd cie dil pid miel.

拿你身子作大梁。

Xal xar xal keo yar-e qo,

越找葫芦越下坡，

Qaw shi-qaw naw de qhod ce-ol;

一直找到黄桑林，

Xeul yad-sha yad tawd pa yil pid ve,

厄雅萨雅开口问，

Phor shif-phied shif-ad mawl lad?

是否见着大葫芦？

Phor shif-phied shif pu ce-ol,

看到葫芦滚下坡，

Ngal kheu lar mad cawl ve pa taw;

我们没有手和脚，

Dawd lie qawf tot gal-e xar,

心有余而力不足，

Phor shif-phied shif co mad xa.

我拿葫芦没办法。

Xeul yad-sha yad tawd phaf yil pid ve,

厄雅萨雅发善心，

Qaw shi-qaw naw nawl cui qo;

当场开口就祝福，

Ted ni pi ti-i sho tawt la qo,

一朝人类出世后，

Pud mawd-uq phu shi rir naf mid dil pid miel.

拿你黄桑作大床。

Xal xar xal hawq yar-e qo,

越找葫芦越下坡，

Pol shi de qhod yar-e ced;

一直找到泡竹林，

Xeul yad-sha yad tawd pa yil pid ve,

厄雅萨雅开口问，

Phor shif-phied shif-ad mawl lad?

是否见着大葫芦？

Phor shif-phied shif pu ce-ol,

看到葫芦滚下坡，

Ngal kheu lar mad cawl ve pa taw;

我们没有手和脚，

Dawd lie chi tot gal-e xar,

心有余而力不足，

Phor shif-phied shif co mad xa.

我拿葫芦没办法。

Xeul yad-sha yad ni phu-lawl sha ve pa taw,

厄雅萨雅心欢喜，

Tawd khawd-shaq khawd chi qhe phaf pid ve;

当场开口就祝福，

Ted ni chaw yad-vad yad tawt la qo,

一朝人类出世后，

Co lie pol shi nawf lar dil pid miel.

拿你泡竹做芦笙。

Xal xar xal keo yar-e qo,

越找葫芦越下坡，

Yawd de- mal de gar-e ced;

一直找到刺竹林，

Xeul yad-sha yad tawd pa yil pid ve,

厄雅萨雅开口问，

Phor shif-phied shif-ad mawl lad?

是否见着大葫芦？

Phor shif-phied shif pu ce-ol,

看到葫芦滚下坡，

Ngal kheu lar mad cawl ve pa taw;

我们没有手和脚，

Dawd lie qawf tot gal-e xar,

心有余而力不足，

Phor shif-phied shif co mad xa.

我拿葫芦没办法。

Xeul yad-sha yad ni phu-lawl sha ve pa taw,

厄雅萨雅心欢喜，

Tawd khawd-shaq khawd chi qhe phaf pid ve;

当场开口就祝福，

Ted ni pi ti-i sho tawt la qo,

一朝人类出世后，

Kur dil-hi dil xiel dawd dil pid miel.

拿你身子做橡子。

Xal xar xal hawq yar-e qo,

越找葫芦越下坡，

Vad chuai-vad qhad de qhod yar-e ced;

一直找到毛竹林，

Xeul yad-sha yad tawd pa yil pid ve,

厄雅萨雅开口问，

Phor shif-phied shif-ad mawl lad?

是否见着大葫芦？

Phor shif-phied shif pu ce-ol,

看到葫芦滚下坡，

Ngal kheu lar mad cawl ve pa taw;

我们没有手和脚，

Dawd lie chi tot gal-e xar,

想帮忙来帮不了，

Phor shif-phied shif co mad xa.

我拿葫芦没办法。

Xeul yad-sha yad ni phu-lawl sha ve pa taw,

厄雅萨雅心欢喜，

Tawd khawd-shaq khawd chi qhe phaf pid ve;

当场开口就祝福，

Ted ni chaw yad-vad yad tawt la qo,

一朝人类出世后，

Kur dil-hi dil xiel kiet dil pid miel.

拿你身子盖房子。

Xal xar xal keo yar-e qo,

越找葫芦越下坡，

Sho mo de qhod gar-e ced;

一直找到金竹林，

Xeul yad-sha yad tawd pa yil pid ve,

厄雅萨雅开口问，

Phor shif-phied shif-ad mawl lad?

是否见着大葫芦？

Phor shif-phied shif pu ce-ol,

看到葫芦滚下坡，

Ngal kheu lar mad cawl ve pa taw;

我们没有手和脚，

Dawd lie qawf tot gal-e xar,

想帮忙来帮不了，

Phor shif-phied shif co mad xa.

我拿葫芦没办法。

Xeul yad-sha yad ni phu-lawl sha ve pa taw,

厄雅萨雅心欢喜，

Tawd khawd-shaq khawd chi qhe phaf pid ve;

当场开口就祝福，

Ted ni pi ti-i sho tawt la qo,

一朝人类出世后，

A thad-a yied dil lie shawr kied yil pid miel.

拿你当作响篾吹。

Xal xar xal hawq yar-e qo,

越找葫芦越下坡，

Peof peod de qhod yar-e ced;

一直找到蜜糖林，

Xeul yad-sha yad tawd pa yil pid ve,

厄雅萨雅开口问，

Phor shif-phied shif-ad mawl lad?

是否见着大葫芦？

Phor shif-phied shif mad xa mawl,

没有见到大葫芦，

Peof peod chi qhe hef pid ve;

蜜糖花树撒谎说，

Xeul yad ni beor chi ted kheu,

厄雅气得直冒火，

Sha yad ni rit chi ted yad.

萨雅气得直哆嗦。

Xeul yad-sha yad tawd phaf maq pid ve,

厄雅萨雅发狠话，

Peof peod nawl cui-nawl vaf qo;

大骂蜜糖不诚实，

Vet qawr uq law ka taf lie,

蜜糖花开枝头上，

Ngat shi chi zeod cuif dawl pid.

千鸟百鸟来采蜜。

Xal xar xal keo gar-e qo,

越找葫芦越下坡，

Beud ni de qhod yar-e ced;

一直找到樱桃林，

Xeul yad-sha yad tawd pa yil pid ve,

厄雅萨雅开口问，

Phor shif-phied shif-ad mawl lad?

是否见着大葫芦？

Phor shif-phied shif pu ce-ol,

看到葫芦滚下坡，

Ngal kheu lar mad cawl ve pa taw;

我们没有手和脚，

Dawd lie qawf tot gal-e xar,

想帮忙来帮不了，

Phor shif-phied shif co mad xa.

我拿葫芦没办法。

Xeul yad-sha yad ni phu-lawl sha ve pa taw,

厄雅萨雅心欢喜，

Tawd khawd-shaq khawd chi qhe phaf pid ve;

当场开口就祝福，

Beud ni pul lie sif haq-sif ni gar-e xar,

樱桃越开越鲜艳，

Xal pul-xal sid、Ni hiq-ni hor cawl-e pid.

百鸟枝头唱赞歌。

Xal xar xal hawq yar-e qo,

越找葫芦越下坡，

Qhad caq de qhod yar-e ced;

一直找到橄榄坡，

Xeul yad-sha yad tawd pa yil pid ve,

厄雅萨雅开口问，

Phor shif-phied shif-ad mawl lad?

是否见着大葫芦？

Phor shif-phied shif pu ce-ol,

看到葫芦滚下坡，

Ngal to yul-khid yul tawf ha lie;

我拿身子挡葫芦，

Phar dar ha keo-ha ma heu ve xar,

筛子般的大叶子，

Jawr lie dziq khie-dziq xor hi-iel tiq col.

如今变得似针芒。

Xeul yad-sha yad i mawl shil qhawr nawq,

厄雅萨雅发善心，

Tawd khawd-shaq khawd chi qhe phaf pid ve;

当场开口就祝福，

Qhad caq-qhad nat nal cui-nawl vaf qo,

身挡葫芦功德高，

Yad hu-dul hu phar lar meod jad lu hu miel.

谁吃橄榄回味多。

Xal xar xal keo yar-e qo,

越找葫芦越下坡，

Maq nawt de qhod yar-e ced;

一直找到鸡树林①，

Xeul yad-sha yad tawd pa yil pid ve,

---

① 即鸡嗉子果树，下同。

厄雅萨雅开口问，

Phor shif-phied shif-ad mawl lad?

是否见着大葫芦？

Phor shif-phied shif pu ce-ol,

看到葫芦滚下坡，

Ngal kheu lar mad cawl ve pa taw;

我们没有手和脚，

Dawd lie chi tot gal-e xar,

想帮忙来帮不了，

Phor shif-phied shif co mad xa.

我拿葫芦没办法。

Xeul yad-sha yad ni phu-lawl sha ve pa taw,

厄雅萨雅心欢喜，

Tawd khawd-shaq khawd chi qhe phaf pid ve;

当场开口就祝福，

Maq nawt nawl cui yad hu-dul hu qo,

鸡树无花也结果，

Awl vet mad vet awl shif nawr pid miel.

果子多得像星星。

Xal xar xal hawq yar-e qo,

越找葫芦越下坡，

Shiq phot de qhod yar-e ced;

一直找到枇杷林，

Xeul yad-sha yad tawd pa yil pid ve,

厄雅萨雅开口问，

Phor shif-phied shif-ad mawl lad?

是否见着大葫芦？

Phor shif-phied shif pu ce-ol,

看到葫芦滚下坡，

Ngal to yul-khid yul caw ha lie;

我拿身子挡葫芦，

Cawr miet-phi miet shil pa taw,

葫芦砸在腰杆上，

Phor shif-phied shif co mad xa.

弄塌皮子弄脱腰。

Yeul yad-sha yad i ni shil qhawr nawq,

厄雅萨雅心欢喜，

Tawd khawd-shaq khawd phaf pid ced;

当场开口就祝福，

Shiq phot nawl cui-nawl caq qo,

枇杷虽然不开花，

Yad hu-tul hu tawl law bid pid miel.

腰间年年挂满果。

Xal xar xal hawq yar-e qo,

越找葫芦越下坡，

Phar vaw de qhod gar-e ced;

一直找到白花林，

Xeul yad-sha yad tawd pa yil pid ve,

厄雅萨雅开口问，

Phor shif-phied shif-ad mawl lad?

是否见着大葫芦？

Phor shif-phied shif mad xa mawl,
没有见到大葫芦，
Phar vaw chi qhe hef pid ve;
白花低头撒谎说，
Xeul yad ni beor chi ted kheu,
厄雅气得直冒火，
Sha yad ni rit chi ted yad.
萨雅气得直跺脚。

Xeul yad-sha yad tawd phaf maq pid ve,
厄雅萨雅发狠话，
Phar vaw nawl cui-nawl vaf qo;
大骂白花不诚实，
Vet dar chi tot gar-e xar,
一朝人类出世后，
Cuf miel-chad miel tad ka pid.
拿你花儿当菜肴。

Xal xar xal keo gar-e qo,
越找葫芦越下坡，
Aq qhad de qhod yar-e ced;
一直找到蒿子林，
Xeul yad-sha yad tawd pa yil pid ve,
厄雅萨雅开口问，
Phor shif-phied shif-ad mawl lad?
是否见着大葫芦？

Phor shif-phied shif pu ce-ol,

看到葫芦滚下坡，

Ngal awl to-awl khid mad eol lie;

我们没有手和脚，

Xad nud-shaq pad qe pa taw,

心有余而力不足，

phor shif-phied shif co mad xa.

我拿葫芦没办法。

Xeul yad-sha yad ni phu-lawl sha ve pa taw,

厄雅萨雅心欢喜，

Tawd khawd-shaq khawd chi qhe phaf pid ve;

当场开口就祝福，

Ted ni chaw yad-vad yad tawt la qo,

一朝人类出世后，

Co lie xeul lid-sha lid dil pid miel.

做成香火拜佛脚。

Xal xar xal hawq yar-e qo,

越找葫芦越下坡，

Rid shi-rid naw de qhod gar-e ced;

一直找到茅草林，

Xeul yad-sha yad tawd pa yil pid ve,

厄雅萨雅开口问，

Phor shif-phied shif-ad mawl lad?

是否见着大葫芦？

Phor shif-phied shif pu ce-ol,

看到葫芦滚下坡，

Ngal kheu lar mad cawl ve pa taw;

我们没有手和脚，

Dawd lie qawf tot gal-e xar,

心有余而力不足，

Phor shif-phied shif co mad xa.

我拿葫芦没办法。

Xeul yad-sha yad ni phu-lawl sha ve pa taw,

厄雅萨雅心欢喜，

Tawd khawd-shaq khawd chi qhe phaf pid ve;

当场开口就祝福，

Ted ni pi ti-i sho tawt la qo,

一朝人类出世后，

Co lie kur yiel-hi yiel dil pid miel.

拿你搭建茅草房。

Xal xar xal hawq gar-e qo,

越找葫芦越下坡，

Paf lod-aq hiet de qhod yar-e ced;

一直找到泡芦林，

Xeul yad-sha yad tawd pa yil pid ve,

厄雅萨雅开口问，

Phor shif-phied shif-ad mawl lad?

是否见着大葫芦？

Phor shif-phied shif mad xa mawl,

没有见到大葫芦，

Paf lod-aq hiet chi qhe hef pid ve;

泡芦随口撒谎说,

Xeul yad ni beor chi ted kheu,

厄雅气得直冒火,

Sha yad ni rit chi ted yad.

萨雅气得直哆嗦。

Xeul yad-sha yad tawd phaf maq pid ve,

厄雅萨雅发狠话,

Ted ni chaw yad-vad yad keuq la qo;

大骂泡芦不诚实,

Nawl thar phawd bal-tuq bal lie,

一朝人类出世后,

Phu paw-shi paw qaf yul pid.

拿你身子作挡墙。

Xal xar xal hawq gar-e qo,

越找葫芦越下坡,

Haq shi mud xawd ma qhod yar-e ced;

一直找到陡石崖,

Xeul yad-sha yad tawd pa yil pid ve,

厄雅萨雅开口问,

Phor shif-phied shif-ad mawl lad?

是否见着大葫芦?

Phor shif-phied shif pu ce-ol,

看到葫芦滚下坡,

Ngal kheu lar mad cawl ve pa taw;

我们缺腿少胳膊，

Dawd lie chi tot gal-e xar,

心有余而力不足，

Phor shif-phied shif co mad lal.

我拿葫芦没办法。

Xeul yad-sha yad ni phu-lawl sha ve pa taw,

厄雅萨雅心欢喜，

Tawd khawd-shaq khawd chi qhe phaf pid ve;

当场开口就祝福，

Ted ni pi ti-i sho tawt la qo,

一朝人类出世后，

Co lie xiel ti-qa peu meul pid miel.

盖房拿你打基础。

Xal xar xal hawq yar-e qo,

越找葫芦越下坡，

Lo de ma qhod gar-e ced;

一直找到芦苇丛，

Xeul yad-sha yad tawd pa yil pid ve,

厄雅萨雅开口问，

Phor shif-phied shif-ad mawl lad?

是否见着大葫芦？

Phor shif-phied shif pu ce-ol,

看到葫芦滚下坡，

Ngal xa nud-shaq pad ve pa taw;

我们没有手和脚，

Dawd lie qawf tot gal-e xar,

心有余而力不足，

Phor shif-phied shif co mad xal.

我拿葫芦没办法。

Xeul yad-sha yad ni phu-lawl sha ve pa taw,

厄雅萨雅心欢喜，

Tawd khawd-shaq khawd chi qhe phaf pid ve;

当场开口就祝福，

Ted ni chaw yad-vad yad tawt la qo,

一朝人类出世后，

Co lie kol pheu ma qhod taf pid miel.

拿你身子编草席。

Xeul yad phor shif qhad chaw ve,

厄雅认真寻葫芦，

Sha yad phied shif qhad xar ve;

萨雅仔细找葫芦，

Chaw lie sif ni gar-e ced,

厄雅寻了九天半，

Chaw lie sif haq gar-e qot.

萨雅找了九天多。

Xal xar xal hawq yar-e ced,

越寻葫芦越下坡，

Xal xar xal keo yar -e lie;

越找葫芦越下坡，

Xar lie ca shi xeul puf-awr gar-e ced,

寻到佳西江岸上，

Xar lie ca lawf lawl jad gar-e ced.

找到佳洛江岸边。

Ca shi-ca lawf xeul ta ma qhod qo,

佳西佳洛江岸上，

Xeul med ted ciel paw taf ced,

长着杨柳一排排，

Xeul yad-sha yad tawd pa yil pid ve,

厄雅开口问柳树，

Phor shif-phied shifmad mawl lad?

是否见着大葫芦？

Phor shif-pied shif pu ce-ol,

杨柳认真回答说，

Pu lie naf lief、Naf shied de qhod yar-e ol,

葫芦滚进芦苇丛，

Ngal heu kheu lar mad cawl ve pa taw,

我们没有脚和手，

Phor shif-phied shif co mad xa.

我拿葫芦没办法。

Xeul yad-sha yad ni phu-lawl sha ve pa taw,

厄雅萨雅心欢喜，

Tawd khawd-shaq khawd chi qhe phaf pid ve;

当场开口就祝福，

Ca shi-ca lawf xeul ta mad fil chi pa taw,

只要江水不干涸，

Chi qhawf-peol jaw dzid lie cawl pid qot.

福寿好比南山松。

Xal xar xal hawq gar-e qo,

越找葫芦越下坡，

Nuq ief de qhod yar-e ced,

一直找到芦苇荡，

Xeul yad-sha yad tawd pa yil pid ve,

厄雅萨雅问芦苇，

Phor shif-phied shif-ad mawl lad?

是否见到大葫芦？

Phor shif pu lie ca shi lawl qhod yar-e ol,

葫芦滚进佳西江，

Phied shif pu lie ca lawf lawl qhod ce-ol qot,

葫芦滚进佳洛江，

Uq shu mud bad khawd naf dawd law qo,

如果认为我撒谎，

Pied meod-pied peu yawd khawd i ni-ngiet ni gat.

可问汲水小酸蜂。

Xeul yad-sha yad ni phu-lawl sha chi ted kheu-iel,

厄雅萨雅心欢喜，

Tawd khawd-shaq khawd chi qhe phaf pid ced,

当场开口就祝福，

Nuq-ief nawl cui-nawl caq qo,

即便江河发大水，

Xeul loq-haq loq nawl thar thil mad jit pid miel.

休想挪动你一步。

Xal xar xal hawq yar-e qo,

越寻葫芦越下坡，

Xal xar xal keo yar-e lie,

越找葫芦越下坡，

Qhaw ma sif qhaw cie keul-awr gal-ol,

来到七山交汇处，

Lawl ma sif lawl khuai kheul-awr gal-o.

来到七河交流处。

Ca shi xeul puf awl jad lu,

佳西江岸沙滩上，

Ca lawf xeul ta awl pad lu,

佳洛江岸沙滩边，

Pied meod cuf dawl chied law ced,

一群酸蜂在汲水，

Pied peu chad dawl chied law ced.

飞的飞来落的落。

Xeul yad-sha yad tawd pa yil pid ve,

厄雅萨雅开口问，

Phor shif-phied shif-ad mawl lad?

是否见着大葫芦？

Pid meod-pied peu mawl aw qot pid ced,

酸蜂回答见到了，

Ca shi-ca lawf xeul tawl pu lor-e ol.
就在江心旋涡底。

Ngal to eol dziq khie hi-iel tiq lie,
我个把只有头发粗,
Ciel eol dziq xor hi-iel tiq lie,
身子只有脚毛长,
Awl xad-awl shaq mad eol lie,
个把不大力气小,
Phor shif-phied shif co-ad xa.
想帮忙来帮不了。

Ngal phor shif shaw ve sif ni yol,
我在这里看葫芦,
Phied shif shaw ve sif haq yol;
我在这里守葫芦,
Chir pol-qa pol of mad lot,
已有七天不吃饭,
Hief yad-hief ni xar mad paw.
已有七夜睡不着。

Xeul yad ni pu-lawl sha chi ted yad,
听说葫芦在江心,
Sha yad ni pu-lawl sha chi ted kheu,
听说葫芦在江底,
Xeul yad tawd khawd chi qhe phaf pid ced,
厄雅萨雅心欢喜,
Sha yad shaq khawd chi qhe phaf pid ve.

当场开口就祝福。

Pied meod-pied peu nawl cui-nawl caq qo,

酸蜂勤劳风尚好，

Lad zhid-laq shat xeul ma mad fil ce law qo,

只要江水不干涸，

Pil cad siq law che-e pid,

吃不完来穿不完，

Shiq cad pil law me-e pid.

年年岁岁有余粮。

Ca shi lawl dar xeul vawd qawf vawd ma qod lu,

最美不过佳西江，

Xeu yad lar yul miet phir kof ni ve ted yad;

最美不过佳洛江，

Ca lawf lawl dar haq vawd qawf vawd ma qhod lu,

佳西江水波连波，

Sha yad lar yul miet phir kof ni ve ted kheu.

佳洛江水浪打浪。

Xeul bad mud naw bad qhe lid,

佳西江水天连水，

Haq bad mil nat bad qhe qe-ie;

佳洛江水水连天，

Lawl hawq naf kuait pu qhe lid,

佳西江水巨浪涌，

Si lir-nal lir qha kawt kawt-iel.

佳洛江水浪滔天。

Xeul yad mad haf xeul aw lie,

厄雅有的是主意，

Sha yad mawd vawd sha aw lie;

萨雅多的是办法，

Xeul dawd shief dawd qha ha lie,

厄雅认真地思考，

Sha gad shie gad peo ha lie.

萨雅仔细地推敲。

Xeul dawd xeul phir mawl veo lad-o,

厄雅想出好主意，

Sha gad sha phir mawl veo lad-o;

萨雅想出好办法，

Xeul yad to nud chi zeod kul phot lie,

厄雅叫来了飞禽，

Sha yad to shat qawf zeod kul phot lie.

萨雅唤来了走兽。

To nud shif qhaw bid law ced,

飞禽挤满七座山，

To shat qawd lawl bid law ced,

走兽挤满七条箐，

To nud chi zeod phor shif co zi ced,

飞禽走兽齐下水，

To shat qawf zeod phied shif co zi ced.

大家都来捞葫芦。

Qhaw ma sif qhaw cie keul lu,

七座山下七条谷，

Lawl ma sif lawl khuai keul lu;

佳西佳洛江岸上，

Ca shi-ca lawf xeul ma lad zhid qhod-awr,

带翅飞鸟说鸟语，

To nud-to shat shawr kied i hor hor-iel.

长角走兽讲兽话。

Xeul yad a piel kul lie phor shif co zi ced,

厄雅叫来小鸭子，

Sha yad a ngol khuai lie phied shf co zi ced;

萨雅唤来大天鹅，

A phiel xeul bad qawf bad kaf lu qie,

鸭子跳进佳西江，

A ngol nuq bad qawf bad kaf lu qie.

大鹅扎进佳洛江。

A piel ca shi xeul tawl ad gal ced,

佳西江深不见底，

A ngol ca lawf xeul tawl ad gal qot;

佳洛江水水浑浊，

Xeul loq-haq loq eol jad lie,

扎个猛子不到底，

phor shif-phied shif co mad xa.

葫芦影子见不着。

Xeul yad ted kheu dawd ni lie,

因为鸭子使了气，

Sha yad ted kheu gad ni lie;

因为大鹅出了力,

A piel chir pol pa yif phaf pid ced,

从此鸭子有虾吃,

A ngol qa pol pa bof phaf pid ced.

从此大鹅吃小鱼。

Xeul yad ngat phu xeul shi qawr kul lie,

厄雅叫来点水雀,

Ca shi xeul tawl phor shif co zi ced;

佳西江底捞葫芦;

Sha yad ngat nat xeu zif qawr khuai lie,

萨雅唤来水老鸹,

Ca lawf xeul tawl phied shif co zi ced.

佳洛江底捞葫芦。

Xeul vawd qhod thar shief caw caw taq lie,

雀儿江面转三圈,

Xeul shi peor meof-hawq nat xar qe ced;

顺着江边找虫吃;

Haq vawd qhod thar shief caw caw taq lie,

老鸹江面转三转,

Xeul zif shit shif-hawt shif co qe ced.

大黑老鸹顺箐飞。

Xeul yad to nud chi zeod phied ha xar,

所有飞禽试过了,

Ca shi xeul tawl phor shif co mad xa;

忙了半天白忙活；

Sha yad to shat qawf zeod phied ha xar,

所有走兽试过了，

Ca lawf xeul tawl phied shif xor mad xa.

可惜葫芦捞不着。

Co lie sif haq-sif ni gar-e ced,

打捞葫芦已七天，

Xor lie sif ni-sif haq gar-e lie;

打捞葫芦已七夜；

Phor shif-phied shif co mad xa pa taw,

葫芦还沉在江底，

Xeul dawd-sha gad haf ve ced.

难坏厄雅和萨雅。

Cal i yad phu ca shi xeul ta ma qhod-awr,

扎依来到山脚下，

Vad phu co lie phu pied dil ve ced;

砍来毛竹做排子；

Na lawf nie ma ca lawf xeul ta ma qhod-awr,

娜依来到河岸边，

Vad shi xor lie shi pied dil ve ced.

砍来黄竹做竹筏。

Cal i phu pied xawt xar phor co phor mad xa,

扎依娜依划竹排，

Na i shi pied xawt xar phied xor phied mad xa;

想把葫芦捞上岸；

Xeul dawd shief dawd xeul pher mawl veo lad-ol,

可是水深风浪大，

Sha gad shie gad sha pher paw veo lad-o.

没把葫芦捞上岸。

Xeul yad phu geur sif jat dil lie phied ha xar,

厄雅织张大鱼网，

Phor shif-phied shif pad mad ned;

想把葫芦捞起来；

Sha yad shi geur qawf jat dil lie phied ha xar,

萨雅织张大拖网，

Phor shif-phied shif co mad xa.

想把葫芦拖上来。

Xeul yad to nud chi zeod phied ha xar,

用尽一切好办法，

Phor co phor mad xa ve ced;

葫芦还躺在江底；

Sha yad to shat qawf zeod phied ha xar,

使尽浑身的解数，

Phied xor phied mad xa ve ced.

葫芦还是不上岸。

Xeul yad ngad phu pa kief qawr phied lie,

厄雅叫来小白鱼，

Phor shif-phied shif co zi ced;

萨雅让它想办法，

Ngad phu pa kief kheu lar mad cawl lie,

白鱼没有脚和手，

Meo law phor shif-phied shif co ve ced.

只能用嘴拱葫芦。

Meod law gawf jat bud lie shod shil xar,

拱秃九卡^①长嘴巴，

phor shif-phied shif co mad xa ve ced;

葫芦还是不上岸；

Sha yad aq ci lar kha qawr phied lie,

萨雅唤来小螃蟹，

Phor shif-phied shif co zi ced.

看它是否有能耐。

Ca shi-ca lawf xeul tawl yar-e lie,

螃蟹本是多脚虫，

Phor shif-phied shif co ni lie;

侧身扎进旋涡里，

Phor shif-phied shif let jad lie,

葫芦着水湿又滑，

Phor shif-phied shif co mad xa.

难倒多脚小爬虫。

Xeul dawd-sha gad yil ni lie,

厄雅萨雅想了想，

Lar mief sho nut ka pid lie,

重新武装小螃蟹，

---

① 在澜沧方言里，一卡的长度等于伸开手掌后从大拇指到中指的长度。

Lar sha keud nut ka pid ced,

左手配只大铁钳,

Qawr lie phor shif-phied shif co zi ced.

右手配只大铁铗。

Aq ci lar kha sho nut-keud nut ka pa taw,

螃蟹配得大铁铗,

Phor shif-phied shif co xa ced;

犹如猛虎添双翼;

Xeul yad-sha yad ni phu lawl sha chi pa taw,

看到葫芦拖上岸,

Tawd khawd-shaq khawd chi qhe phaf pid ced.

厄雅萨雅心欢喜。

Nawl lie to eol lar ma taq duf hi-iel tiq xar,

当场祝福螃蟹说,

Nawl lie khid eol kheu naw peof ma hi-iel tiq xar;

螃蟹个小功劳大,

Haq shi mud xawd ma hawq dzid lie cawl-er,

石头城堡石头瓦,

Beol yiel-hawq yiel ma hawq dzid lie cawl-er.

让你永远住个够。

Xeul yad tawd meod chi qhe phaf pa taw,

因为厄雅开金口,

Aq ci lar kha po hot ka lie dzid ve ced;

螃蟹背着大瓦片;

Sha yad shaq meod chi qhe phaf pa taw,

因为萨雅开金口，

Haq peu sif shif niq xar mad cier ced.

螃蟹住在石头底。

Phor shif sho nut nut pa taw,

螃蟹铁钳夹葫芦，

Phied shif keud nut nut pa taw,

力气大小难把握，

Al lal phor qawf chet law ced,

葫芦脖子夹细了，

Al lal phied qawf chet law qot.

从此葫芦变了形。

Xeul yad phor co phor xa-ol,

厄雅拿到了葫芦，

Sha yad phied xar phied xa-o;

萨雅心里很高兴，

Qhal shu med dil yil ha lie,

怎么才能拿到家？

Kur qhod-hi qhod tad tul naf?

厄雅萨雅犯了愁。

Xeul yad a mud qawr shie lie,

厄雅牵来白龙马，

A mud phor shif pud zi ced;

马比骡子驮不动；

Sha yad a lawf qawr xar lie,

萨雅牵来大骡子，

A lawf phied shif tat zi ced.

好让骡子驮葫芦。

Cal chid-na chid mad cawl lie,

现场没有葫芦吊,

Phor shif-phied shif chid mad xad,

如何吊起大葫芦?

Xeul dawd-sha gad yil ni lie,

看到厄雅皱眉头,

Xeul dawd xeul phir mawl veo lad-o.

萨雅妙计上心头。

A mud a qof ma qhod thar,

厄雅叫来大马鹿,

Kheu rif khaw qa phor shif chid keo zi ve ced;

马鹿用角抬葫芦,

A lawf phu laq qhod thar qo,

马鹿独角难施展,

Kheu rif khaw nga phied shif chid keo zi ve ced.

把角分成四平头。

Kheu rif khaw nga phor shif-phied shif chid keo lie,

葫芦抬到马鞍上,

Xeul yad-sha yad tawd phaf-shaq phaf yil pid ve;

厄雅开口就祝福,

Ted ni chaw yad-vad yad tawt la qo,

一朝人类出世后,

Nawl ve awl khaw nat zhid-nat yaw dil pid miel.

拿你鹿角作良药。

Cal i phor shif phie ve qo,

扎依认真捆葫芦，

Keo shawf sif lof heot ve ced;

用去耕绳七庹半；

Na i phied shif zhir ve qo,

娜依仔细绑葫芦，

Caq shawf qawd lof peol ve qot.

用去绳索九庹多。

A mud phor shif pud ve qo,

马驮葫芦走七天，

Pud lie sif ni gar-e ced;

骡背葫芦走七夜；

A lawf phied shif tat ve qo,

历经千辛和万苦，

Tat lie sif haq gar-e lie.

才把葫芦驮到家。

Xeul dzid cud keo phu cad lawd qhod taf ve ced,

厄雅房前搭晒台，

Phor shif ted ziq huq ve ced;

银晒台上晒七天；

Sha dzid cud na shi cad lawd qhod taf ve ced,

萨雅屋后搭晒台，

Phie shif ted jaw huq ve qot.

金晒台上晾七夜。

Xeul yad fat shuai qawr kul lie,

厄雅叫来红嘴鼠，

Phoe shif-phied shif shaw zi ced;

红嘴老鼠守葫芦；

Sha yad fat thawt qawr khuai lie,

萨雅唤来小松鼠，

Phoe shif-phied shif huq zi ced.

长尾松鼠晒葫芦。

Phor shif huq lie ted ziq gar-e lie,

葫芦晒了十二天，

Phor shif-phied shif vi la-ol ced;

葫芦已经晒干了；

Phied shif huq lie ted jaw gar-e lie,

葫芦晾了半个月，

Chaw khawd-vad khawd riq riq kad la-o ced.

葫芦里面有人声。

"Ngal heo phor shif qhaw lu chied taf-aw,

"我们关在葫芦里，

Ngal heo phied shif qhaw lu dzid taf-aw;

我们住在葫芦里，

Ngal heu ca liq ho bar-keud bar mad ka lie,

我们看不到日月，

Phor qhod-phied qhod phaw mad xa.

我们看不到星辰。

A shuf phor qhod phaw lad qo,

哪个老表心肠好，

A shuf phied qhod xiel lad qo;

帮忙打开葫芦口，

Ted ni shawr meol chir siq tawt la qo,

一朝种谷得新米，

Yawd meod-yawd shaq xud siq of lad miel."

新谷新米它先尝。"

Phor qhaw chaw khawd kad pa taw,

葫芦里面有动静，

Phied qhaw vad khawd kad pa taw;

葫芦里面有人声，

Fat shuai xeul hawq qawr tho ced,

红嘴老鼠很纳闷，

Fat thawt sha hawq qawr khuai ced.

如实汇报给厄雅。

Xeul yad to nud qawr kul lie,

所有飞禽叫来了，

Sha yad to shat qawr tho ced;

所有走兽唤来了，

To nud chi zeod phor qhod phaw zi ni,

个个认为有能耐，

To shat qawf zeof phied qhod xiel zi lie.

争着要开葫芦口。

To nud phor qhod phaw mad xa ve ced,

葫芦外壳坚如石，

To shat phied qhod xiel-ad xa ve ced;

要打开它不容易，

Phor shif-phied shif phaw mad xa pa taw,

所有动物试过后，

Xeul dawd-sha gad haf ve ced.

垂头散脑败阵来。

Xeul yad cal pif-cal phu qawr kul lie,

厄雅叫来小米雀，

Cal pif phor qhod phaw zi ced;

小雀尖嘴凿葫芦；

Sha yad fat char-fat yad qawr khuai lie,

萨雅唤来小老鼠，

Fat char phied qhod xiel zi ced.

老鼠獠牙啃葫芦。

Cal pif meod qaw qawd lof xar,

小雀喙有九庹多，

Phor qhod phaw lie lie-ol ced;

凿得快要光溜溜；

Fat yad cil shi qawf jat xar,

老鼠长牙九卡半，

Phied qhod phaw lie lie-ol qot.

啃得快要光秃秃。

Cal pif phor qhod-phied qhod phaw ve qo,

米雀做事有恒心，

Phaw lie sif haq-sif ni gar-e xar;

七天七夜不休息；

Meod qaw qawd lof thawt lie lie shil xar,

老鼠办事有毅力，

Phor qhod-phied qhod phaw mad xa law ced.

埋头苦干不歇息。

Fat char phor qhod-phied qhod phaw ve qo,

老鼠本是急性子，

Ni ma lef lef qe pa taw;

开葫芦时走了神，

Cal tif-na tif oq chid mud qhod i ni lie,

啃凹扎迪鼻梁骨，

Fat yad cil shi naf qhawd-ar wai-e law ced.

啃窝娜迪鼻梁骨。

Fat shuai awl pad shaw taf lie,

红嘴老鼠在一旁，

Awl sif-awl nar nieq ve ced;

上跳下窜作指挥，

Miet phud-ar nieq ve cal tif sif aw ced,

沾上扎迪娜迪血，

Naf qhawd-ar nieq ve na tif sif aw ced.

从此鼻子红彤彤。

Cal pif phor qhod phaw xa lie,

小米雀和小老鼠，

Fat yad phied qhod phaw xa lie;

打开葫芦功劳大，

Xeul yad ni phu lawl sha qe ve ced,

赢得厄雅的赞誉，

Sha yad lar tha i sit-kied sit ve ced.

博得萨雅的赞许。

Cal pif phor qhod phaw pa taw,

因为米雀开葫芦，

Xeul yad tawd phaf yil pid ced;

得到厄雅的祝福，

Ted ni pi ti shawr meul chir siq tawt la qo,

从此每年谷子熟，

Hie qhaw chir siq nawl cat miel.

米雀住在山上吃。

Fat char phied qhod phaw xa lie,

老鼠打开葫芦口，

Sha yad shaq phaf yil pid ve;

博得萨雅开金口，

Ted ni chaw yad lu meul qa siq paw la qo,

每年新谷归仓后，

Ta phu-ta nat qhod thar meu cat miel.

老鼠坐在仓里吃。

Cal pif-cal phu xeul khawd co xa lie,

米雀领得圣旨后，

Ha liel-ha qa to qhod pol qe ced;

飞到山里等新谷；

Fat char-fat yad sha khawd xor xa lie,

老鼠领得圣旨后，

Deot deot-shad shad phie qhod meu taq ced.

蹲在仓里吃新谷。

《拉祜民间诗歌集成》节选①

种葫芦

厄雅想出新办法，
要种一颗葫芦种。
莎雅想出新主意，
要开一块葫芦地。

厄雅搓手汗，
莎雅搓脚汗。
左手拿着白石头，
右手拿着铁火镰。

火镰碰在石头上，
飞出三颗小火星。
两颗火星落下地，
一颗落在火草里。

---

① 澜沧县文化局编：《拉祜民间诗歌集成》，云南民族出版社 1989 年 7 月第 1 版。诗歌有使用当地语词及借音字者，本文节选不做改动，原字保留。

厄雅拿着一把草，
莎雅拿着搓三下。
对着火星吹三口，
火就慢慢燃起来。

用火把草堆点燃，
火烧了三天三夜。
草木灰堆手掌深，
草木灰肥脚掌深。

葫芦地做好了，
可以种上葫芦种。
厄雅打开箱子，
拿出一颗葫芦种。

日子有十二天，
月有十二个月。
好的吉日是属猪，
属猪这天种葫芦。

属狗完了是属猪，
属猪日子种葫芦。
种子种在火堆里，
种子种在肥土中。

过了七轮，
种子不睁眼。
一天去看三回，

不见种子发芽。

厄雅左手拿银碗，
莎雅右手拿金碗。
打来河里的清水，
一天来浇三回水。

种子睁开眼，
种子发芽了。
可惜没有根，
可惜没有叶。

金子来做根，
银子来做叶。
葫芦长藤手杆粗，
葫芦叶有簸箕大。

可是不会分杈枝，
拿起金棍打四下。
莎雅藤子分四杈，
叶子茂密爬满山。

葫芦开始开花了，
葫芦白花银子花。
葫芦开始结果了，
葫芦果子金果子。

四月完了到五月，

五月完了到六月。
六月完了到七月，
葫芦天天在长大。

八月完了到九月，
九月完了到十月。
葫芦已经长大了，
葫芦已经长硬了。

冬月葫芦叶干了，
腊月葫芦藤干了。
葫芦已经成熟了，
就是没有人来摘。

厄雅的房子后面，
有棵熟透的果树。
莎雅房后的果树，
葫芦藤子爬树上。

猴子爬满果树，
来摘树上的果子。
千鸟百鸟在枝上，
来吃树上的果子。

白天百鸟叫喳喳，
晚上老鼠闹嚷嚷。
点水雀飞来飞去，
猫头也来吃果子。

这棵果子树下面，
动物都来吃果子。
野猪也来吃果子，
麂子也来吃果子。

一个果子落下来，
麂子跳去抢果子。
一节树枝掉下来，
打在麂子脊背上。

麂子受惊胡乱跑，
惊得马鹿也乱跑。
马鹿又惊着野牛，
野牛踩断葫芦藤。

踩断葫芦藤，
葫芦落下地。
落在半坡上，
葫芦滚下坡。

厄雅来察看，
看见葫芦藤断了。
莎雅来察看，
葫芦早已不见了。

厄雅问麂子，
哪个踩断葫芦藤。
麂子指着野牛说，

野牛踩断葫芦藤。

厄雅问野牛，
野牛回答说，
是马鹿吓着我，
我才踩断葫芦藤。

厄雅问马鹿，
马鹿回答说，
是麂子来吓我，
我才吓着野牛。

莎雅又问麂子，
你为何吓马鹿。
麂子照直说实话，
是猫头鹰来打我。

厄雅去问猫头鹰，
你为什么打麂子，
猫头低头无话。
莎雅伸出了拳头，
打在猫头鹰头上，
打扁了猫头鹰的头。

厄雅很生气，
对着猫头鹰说：
不准白天出来找食，
只准晚上出来寻食。

葫芦不见了，
厄雅心里很着急。
厄雅开始找葫芦，
莎雅开始寻葫芦。

寻到芭蕉树林，
就去问芭蕉树。
看见大葫芦没有，
芭蕉哄他没看见。
厄雅很生气地说：
"你永远不会有节子。"

追到芦苇林里，
就去问芦苇，
看见大葫芦没有，
芦苇哄他没看见。
莎雅很生气地说：
"将来拿你编篾笆。"

寻到茅草林里，
去问青草黄草，
看见大葫芦没有，
茅草哄他没看见。
厄雅很生气地说：
"将来割你盖房子。"

追到黄竹青竹林，
去问黄竹青竹林，

看见大葫芦没有，
竹子哄他没看见。
莎雅很生气地说：
"将来砍你盖房子。"

寻到茨竹林里，
去问茨竹金竹，
看见大葫芦没有，
茨竹哄他没看见。
厄雅很生气地说：
"将来砍你做柱子。"

追到玛登林里，
就去问玛登树，
看见大葫芦没有，
玛登哄他没看见。
莎雅很生气地说：
"将来砍你做柱子。"

寻到冬瓜树林，
就去问冬瓜树，
看见大葫芦没有，
冬瓜树哄他没看见。
厄雅很生气地说：
"将来砍你做房梁。"

追到松树林，
就去问松树，

松树告诉厄雅，
葫芦从这里滚过去，
可惜无手没法拿。
莎雅很高兴地说：
"将来给人照亮做明子①。"
又给松树披上红缎子。

追到鸡嗉果林里，
就去问鸡嗉果树，
看见大葫芦没有，
鸡嗉果树告诉厄雅，
葫芦从这里滚去，
可惜无手没法拿。
莎雅很高兴地说：
"不开花也会结果。"

追到白花树林，
就去问白花树，
看见大葫芦没有，
白花树告诉厄雅，
葫芦从这里滚去，
可惜无手拿不住。
莎雅很高兴地说：
"你可开花又结果。"

追到橄榄树林，

---

① 原文对"明子"注释：含松脂的木块、木片，可作照明。

就去问橄榄树，
看见大葫芦没有，
橄榄树告诉厄雅，
葫芦从这里滚去，
可惜无手拿不住。
莎雅很高兴地说：
"将来果子结得多。"

追到黄栗树林，
就去问黄栗树，
看见大葫芦没有，
黄栗树告诉厄雅，
葫芦从这里滚去，
可惜无手没法拿。
莎雅高兴地说：
"将来砍你做锄把。"

追到青栗树林，
就去问青栗树，
看见大葫芦没有，
青栗树告诉厄雅，
葫芦从这里滚去，
可惜无手没法拿。
莎雅高兴地说：
"将来砍你做斧把。"

追到黑栗树林，
就去问黑栗树，

看见大葫芦没有，
黑栗树告诉厄雅，
葫芦从这里滚去，
可惜无手没法拿。
莎雅高兴地说：
"将来砍你做犁架。"

厄雅寻葫芦，
越寻越往下寻。
莎雅追葫芦，
越追越往下追。
追到蓝靛林里，
就去问蓝靛，
看见大葫芦没有，
蓝靛哄他没看见。
莎雅很生气地说：
"将来拿你去染布。"

追到金竹林里，
就去问金竹，
看见大葫芦没有，
金竹告诉厄雅，
葫芦从这里滚去，
可惜无手没法拿。
莎雅听了很高兴：
"将来砍你做响篾。"

追到葫芦地里，

就去问小葫芦，
看见大葫芦没有，
小葫芦告诉厄雅，
葫芦从这里滚去，
可惜无手没法拿。
莎雅听了很高兴：
"将来摘你做芦笙。"

追到青菜萝卜地，
去问青菜和萝卜，
看见大葫芦没有，
青菜萝卜哄厄雅。
莎雅很生气地说：
"将来拿你来煮吃。"

追到李子林，
去问李子树，
看见大葫芦没有，
李子树告诉厄雅，
葫芦从这里滚去，
可惜无手没法拿。
莎雅听了很高兴：
"将来拿你当年花。"

追到桃树林，
就去问桃树，
看见葫芦没有，
桃树告诉厄雅，

葫芦从这里滚去，
可惜无手没法拿。
莎雅高兴地说：
"将来拿你当年花。"

追到蒿枝丛，
就去问蒿枝，
看见大葫芦没有，
蒿枝告诉厄雅，
葫芦从这里滚去，
可惜无手没法拿。
莎雅高兴地说：
"将来拿你来做香。"

追到大海大江边，
看见酸蜂就去问，
你们看见葫芦没有，
酸蜂实话告诉厄雅，
看见葫芦海上漂，
我们身子太小拿不动。
莎雅高兴地说：
"将来旧蜜不完有新蜜。"

厄雅看见了葫芦，
葫芦漂在海中间。
叫来白鱼拿上岸，
白鱼没有手和脚。
用嘴拱葫芦上岸，

拱秃了白鱼的嘴。
葫芦被鱼拱滑了，
可惜葫芦上不了岸。

萨雅又唤马鹿，
马鹿用角去抬。
独角无法抬葫芦，
把角分成了四叉。
葫芦又圆又滑，
马鹿也无法抬上岸。
莎雅对马鹿说，
你的角可以做药。

厄雅又叫螃蟹来，
螃蟹用一对大钳，
夹住葫芦拖上岸，
葫芦脖子夹细了。
莎雅高兴地说：
"螃蟹永远住瓦房。"
从此螃蟹脊背上，
背着一块瓦片。

厄雅拿到了葫芦，
莎雅心里很高兴。
叫来骒马驮葫芦，
要把葫芦驮回去。

走了七天七夜，

葫芦驮回到家。
房前做个晒台，
放在晒台上晒。

晒在晒台上，
晒了两个月。
葫芦晒干了，
葫芦里面有人声。

"我们住在葫芦里，
从来不得见太阳。
我们生在葫芦里，
从来不得见月亮。"

"哪个心肠好，
帮我们把葫芦打开。
新谷新米让它先尝，
新水新酒让它先喝。"

飞来一只小米雀，
它的嘴有九丈长。
它想打开葫芦房，
想救出里面的人。

小米雀啄了三天，
小米雀啄了三夜。
九丈嘴壳啄秃了，
葫芦房子打不开。

老鼠又来咬葫芦，
咬了三天又三夜。
葫芦终于咬通了，
葫芦房子打开了。

葫芦里面笑哈哈，
走出来一男一女。
男的取名叫扎笛。
女的取名叫娜笛。

厄雅对小米雀说：
"你飞到地里吃新谷。"
莎雅对老鼠说：
"你蹲在囤箩吃新谷。"

小米雀很高兴，
飞到山上等新谷。
老鼠也很高兴，
蹲在囤箩吃新谷。

佤族民间神话史诗《葫芦的传说》节选①

天边飘来一只小船

在很古很古的时候，
在很远很远的年代，

---

① 刘允褆、陈学明整理：《葫芦的传说》（佤族民间神话史诗），云南民族出版社1980年1月第一版。诗歌有使用当地语词及借音字者，本文节选不做改动，原字保留。

海水冲洗着星星，
浪花击打着蓝天。

遥远的天边，
飘来一只小船，
大海的中间，
有一叶孤帆。

颠簸啊颠簸，
船身是巨叶一片；
向前啊向前，
马鬃蛇用尾巴摆船。

船上有个葫芦，
葫芦金光闪闪；
船上有头黄牛，
黄牛多像风帆。

飘啊飘，
船儿飘了千万年；
划啊划，
船儿找寻绿草滩。

大海没有尽头，
海水没有深浅，
船儿像颗星星，
星星难落海岸。

黄牛渴了，
喝下湛蓝的海水；
黄牛饿了，
把葫芦舔了又舔。

舔啊舔，
葫芦更明亮；
舔啊舔，
金光映海面。

当葫芦被舔开的时候，
星星们开始眨眼，
葫芦将落下大海，
海水中露出地面。

籽籽撒向大地，
籽籽飞上高山，
最高的山峰是西岗，
葫芦籽铺在西岗山。

当竹笋破土的时候，
葫芦苗钻出地面，
绿苗似翡翠，
苗苗长了九年。

当葫芦发叶的时候，
绿藤爬满山；
葫芦叶铺天盖地，

绿叶长了九年。

当鸟兽来到的时候，
大地挨着蓝天，
百兽探深谷，
百鸟飞高山。

它们寻找葫芦，
沿着蛛网般的藤蔓，
找遍座座高山，
整整找了九年。

找啊找，
花豹垂下尾巴；
找啊找，
箐鸡歇在深涧。

找啊找，
麻鸡收起翅膀；
找啊找，
老鼠往洞里钻。

只有美丽的孔雀，
展翅在蓝天、深涧；
只有漂亮的孔雀，
真心找寻不畏难。

顺着青藤，

沿着绿蔓，
孔雀头被撞小，
有个葫芦大又圆。

金色的葫芦啊，
终于找到了你；
巨大的葫芦啊，
高山顶上的高山。

大地上有了葫芦，
肥沃的土地更好看，
葫芦生在西岗，
西岗山金光闪闪。

孔雀走遍深箐，
孔雀飞遍高山，
召来百鸟围着葫芦飞，
召来百兽绕着葫芦转。

大地敞怀笑开颜，
山山岭岭金灿灿，
星星从葫芦上滑落，
跌进深深的山涧。

百鸟为葫芦唱歌，
百兽伸出舌头舔，
神奇的怪物啊，
金色的疑团。

我们的树叶，
我们的达杜，
我们的树尖，
我们的祖先。

他们说人类来自大海，
他们说人类有只宝船，
那是洪荒的年代，
那是世纪的开端。

没有文字记载，
他们认识海；
生活在高山峻岭，
他们知道船。

船上的每块木板，
载入他们的传说；
船上的每颗铆钉，
收入他们的语言。

阿佤山是新兴的山脉，
阿佤山在大海之边，
那是亿万年前的事情，
那是从前的从前。

葫芦啊人类的家

马鹿带来金角，
孔雀带来彩扇，
猫头鹰带来夜灯，
螃蟹带来夹钳；

画眉带来金嗓子，
云雀带来铃一串，
狗熊带来利爪，
老鼠带来铲铲；

斑鸠带来芦笙，
燕子带来银剪，
青蛙带来大鼓，
鳞蛇带来皮鞭。

小米雀有颗善良的心，
绕着葫芦找眼眼；
花豹子藏着恶毒的心，
守在葫芦边。

百鸟都来啄葫芦，
葫芦像山岩一样坚；
百兽都来抓葫芦，
一道爪印也不见。

勤劳的小米雀啊，

坚强不畏难；
机灵的小米雀啊，
找到葫芦眼。

小米雀喝饱了露水，
把小咀磨尖；
小米雀扇动金翅膀，
啄开葫芦眼。

小米雀啄葫芦，
整整啄了九年，
葫芦开了洞，
洞口对蓝天。

百鸟飞来看，
是人类在里面；
百兽爬不上，
什么也看不见。

花豹蹲在洞口，
打着毒辣的算盘，
当人类跳下葫芦，
花豹强扑上前……

小米雀心灵眼尖，
飞啄花豹的双眼；
花脸狗咬住尾巴，
花豹痛得打转转。

人从葫芦里出来，
把花豹撵进深山；
人从葫芦里出来，
站满了西岗山。

人类钻出葫芦，
百鸟是人类的朋友；
人类踏上大地，
百兽是人类的伙伴。

我们的树叶，
我们的达杜，
我们的树尖，
我们的祖先。

吃的是葫芦叶，
喝的是山泉，
床铺是大地，
被盖是蓝天。

蓝天低压着山峰，
没有白天夜晚，
星星们点燃火炬，
照亮大地人间。

他们四面观察，
他们八方登攀，
他们要踩出路，

他们要劈开天。

他们团结啊，
像一棵笔直的冬青树；
他们心齐啊，
像一道晶莹的清泉。

《神圣葫芦与澜沧江》乐谱[1]

独　唱

1=G 2/4

李常富、王贵词
王　　　贵曲

稍慢速　颂赞、抒情地

（5̲6̲ 1̲3̲ | 6̲5̲ 1 | 3̲5̲· | 5 - | 6̲5̲ 3̲1̲ | 2̲6̲ 5̲ | 2̲3̲· | 3 - |

5̲3̲ 6 | 5̲1̲ 3 | 1̲3̲ 5̲6̲ | 6 - | 5̲6̲ 1̲2̲ | 3̲6̲5̲ | 3̲5̲ 6̲ |

1 - | 1）5̲6̲ | 3̲1̲ 3 | 1̲6̲ 5̲ | 1̲3̲5̲5̲ | 5 | 5̲6̲1̲ | 5̲3̲ 1 |

1. 他从　很远　　很远的　地方，　　来到　我们　的
2. 在那　很古　　很古的　时候，　　传说　扎迪

2̲6̲ 1̲2̲ | 2 - | 5̲3̲ 5̲6̲ | 5̲3̲5̲ 3̲1̲3̲ | 1̲3̲ 5̲6̲ | 6 - |

家　　乡，　　要去　很　远　很远的　大　海哟，
娜迪　　哟，　他们从　葫芦　葫芦里走　出　来，

3̲2̲ 3̲5̲ | 3̲5̲ 6̲1̲ | 3̲2̲ 1̲6̲ | 1 - | 1 - | 3/4（5̲6̲ 1̲2̲ 3̲6̲ | 5 1 3̲5̲ |

这就是　澜沧　澜沧　江。
这就是　拉祜　拉祜　人。

---

[1] 澜沧县文化馆、澜沧县非物质文化遗产保护中心：《可爱的拉祜山乡——王贵创作歌曲集》，2015年10月整理汇编版。

5 - - | 5 - - | 6 5 3 2 1 6 | 5 1 2 3 | 3 - - | 3 - - |

5 3 3 2 2 1 | 3 2 2 1 1 6 | 5 1 3 | 5 - 6 3 | 1 - - | 1 - -) |

5 - - | 5 - - | 6 5 1 | 5 - - | 5 - - | 6 5 1 |
啊，　　　　　澜 沧　江，　　　　　　　澜 沧
啊，　　　　　葫 芦 呵　　　　　　　　葫 芦 呵

3 - - | 3 - - | 3 2 1 | 6. 5 1 2 | 2 - - | 2 - - | 1 3 5 |
江，　　　家 乡 因 你 而 得　名，　　　　　伴 随 着
　　　　拉 祜 的 "阿 朋 阿 龙 尼"，　　　　传 颂 着

1 3 5 3 3 | 5 1 1 | 3 - 5 6 | 5 - - | 5 - - | 3 5 6 6 |
拉　祜 的 悠　悠 岁　月，　　　　　走 过 那
拉　祜 的 神　奇 古　根，　　　　　传 扬 着

5 1 3 3 | 5. 6 1 | 3 - 5 | 3 - - | 3 - - | 5 6 6 | 5 1 3 3 |
漫　漫 的 世 纪 沧　桑，　　　　　憧 憬 着 美 好 的
拉　祜 的 勤 劳 勇　敢，　　　　　沐 浴 着 灿 烂 的

5. 6 1 | 3 - 5 | 3 - - | 3 - - | 5 6 5 3 | 1 3 5 3 |
吉 祥 幸　福，　　　　　　走 向 那 新 世 纪
金 色 光　辉，　　　　　　从 葫 芦 里 走 出 来

2 3 2 1 | 6. 1 2 2 | 5. 6 1 | 3 - 5 6 | 6 - - | 6 - - |
新 的 希 望 新 的 希　望。
奔 向 太 阳 奔 向 太　阳。

6 5 1 | 5 - - | 5 - - | 3 2 3 5. | 6 - 2 1 | 1. 1 - - | 1 - - :|
啊，　　　　　新 的 希　望。
啊，　　　　　奔 向 太

2.
1 - - | 1 - - | 2/4 (1 2 3 5 2 3 5 6) | 5 6 1 3 | 3 - | 5 3 1 2 | 2 - |
阳。　　　　　　回原速　　　　　　　　澜 沧 江 啊，　　葫 芦 啊，

$\frac{3}{4}$ 3 2 3 | 1· 1 | $\frac{2}{4}$ 2 1 2 3·5 | 5 — | 6·1 3 5 | 5 — |

拉　祜　　　历史的见证，　　　澜沧江啊，

6 5 1 3 | 3 — | 5 3 5 1 2 | 2 — | 5 6 6 3 1 | 1 — | 3 5· |

葫芦啊，　　　拉祜民族　　　腾飞的象征。　　　啊

5 — | 3 5 5 6 3 | 3 — | 1 — 1 — | 1 — 1 0 ‖

腾飞的象　　　征。

后　记

　　《葫芦文化丛书·澜沧卷》的编写，至今已两年，在即将付梓之际，不禁有许多感想。

　　《澜沧卷》的编写始于 2016 年 4 月。根据 2016 年 10 月在山东聊城召开的《葫芦文化丛书》审稿会精神，《澜沧卷》在内容和结构等方面进行了大调整。

　　自接受编写任务后，围绕澜沧的"葫芦"，编者查阅了大量资料，多渠道、多角度地寻找线索，多次深入乡村调查采访。在此基础上，按照丛书编委会的要求，对《澜沧卷》的内容和结构进行了反复修改和调整。

　　《葫芦文化丛书·澜沧卷》虽已完稿，但总感觉有这样或那样的遗憾。一则对澜沧的葫芦文化研究，此前一直为空白，既无具体资料可查询，又无经验可借鉴，所以，纵观全书，不得不说关于澜沧的葫芦文化缺乏系统性；再则澜沧有 8 个世居少数民族，随着历史的变迁，加之研究不够深入，许多世居少数民族关于葫芦的传说、关于葫芦的应用等或收集不全，或消失殆尽；第三，由于资料查询难度大，完稿后的"阿朋阿龙尼"和"澜沧的葫芦情"这两章，内容的丰富性未能与原来的构思相吻合。

　　澜沧县委、县人民政府高度重视《澜沧卷》的编写，并在许多方面给予了支持，提供了保障。

　　在编写过程中，澜沧县文体广电局给予了广泛支持；丛书总主编扈鲁先生给予了精心指导和无微不至的关怀；周天红（澜沧县文体广电局局长）同志多次过问，并提供各方面的便利条件；魏文林（澜沧县文体广电局副局长）同志主动提供线索；张晓东（澜沧县文体广电局原副局长）同志在主动提供线索的同时，还提供了极有价值的资料；李剑锋和苏锟同志提供了大量图片；胡小华和鲍红霞同志多次协助调查采访；张凤玲同志协助查找资料；业已退休的杨树柏先生、王贵先生、黄邦勇先生分别提供了历史图片、过去的会议记录和拉祜族芦笙舞资料；赵余聪先生亲自撰写了"哈尼族关于葫芦的传说"一节；中华书局《澜沧卷》编辑同志对内容和结构的修改调整提出了极其宝贵的意见，并在五次校稿中，在体例规范和文字应用等方面给予了认真细心的指导。与此同时，澜沧县图书馆，澜沧县文化馆，澜沧县上允镇文广中心、文东乡文广中心和安康乡文广中心为查询资料和调查采访提供了方便。在此一并致谢！

由于编者精力和能力有限，难免有不足，敬请专家学者和钟情于葫芦文化的研究人士以及读者批评指正。

编者

2018 年 6 月 28 日于澜沧